Helmut Lange

Rechnen
ohne Taschenrechner

Helmut Lange

Rechnen
ohne Taschenrechner

Verblüffende Rechentricks

Bibliografische Information der Deutschen Nationalbibliothek
Die Deutsche Nationalbibliothek verzeichnet diese Publikation in der
Deutschen Nationalbibliografie. Detaillierte bibliografische Daten sind im
Internet über https://dnb.de abrufbar.

Für Fragen und Anregungen
info@m-vg.de

6. Auflage 2026

© 2014 by mvg Verlag, ein Imprint der Münchner Verlagsgruppe GmbH,
Türkenstraße 89
80799 München
Tel.: 089 651285-0

Umschlaggestaltung: Vincent Herb, München
Umschlagabbildung: Fotolia, Shutterstock
Satz: Georg Stadler, München
Druck: CPI
Printed in the EU

ISBN Print 978-3-86882-496-4
ISBN E-Book (PDF) 978-3-86415-637-3
ISBN E-Book (EPUB, Mobi) 978-3-86415-638-0

Wir produzieren
nachhaltig
www.m-vg.de

Weitere Informationen zum Verlag finden Sie unter

www.mvg-verlag.de

Beachten Sie auch unsere weiteren Verlage unter www.m-vg.de

Inhaltsverzeichnis

Dividieren

Brüche

Quadrieren

Wurzel ziehen

Prozent

Denkspiel

Merksysteme

Beispiele

Anhang

Rechnen ohne Taschenrechner

Vorwort

Liebe Leser,

es gibt durchaus alternative Strategien, sich Lerninhalte einzuprägen und Matheaufgaben zu lösen. Mir war das sehr lange nicht bewusst, da ich keinen Anlass sah, meine althergebrachten Denkweisen infrage zu stellen. So wie ich als Schüler versucht habe, Lerninhalte in den Kopf zu trichtern, konnte ja so schlecht nicht gewesen sein, denn immerhin haben mich diese Strategien auch irgendwie weitergebracht.

Allzu oft habe ich als Schüler nur widerwillig gelernt, da der Lernstoff oft uninteressant war. Heute lerne ich freiwillig Inhalte auswendig, weil ich fasziniert bin von den Denkstrategien, die schon seit Jahrhunderten existieren und kaum ins Bewusstsein der Allgemeinheit vorgedrungen sind. Da spielt der Inhalt nur noch eine Nebenrolle. So lässt sich auch erklären, warum manche Menschen Telefonbücher oder 10000-stellige Zahlen auswendig lernen. Weil sie selbst begeistert sind und vielleicht andere verblüffen wollen, was unser Gehirn imstande ist zu leisten.

In meinen Seminaren macht es riesigen Spaß, den Menschen in nur kurzer Zeit zu zeigen, dass Matheaufgaben wie 16 : 9; 142 : 9; 14.232 x 11; 4.444 x 9; oder 2334 : 5 oft schneller im Kopf gerechnet werden können als mit dem Taschenrechner. Während der eine noch die Aufgabe in den Rechner eintippt, kann der andere mir das Ergebnis schon fehlerfrei aufsagen.

Viele dieser Strategien führen tatsächlich schneller zum Ziel. Einige hingegen sind nicht schneller, aber dafür interessanter. Die Auseinandersetzung mit Alternativen lässt uns aufhorchen und lässt uns Spaß am Denken entwickeln.

Vom alleinigen Durchlesen des Buches werden Sie wahrscheinlich Ihre Denkgewohnheiten nicht über den Haufen werfen.

Viele der vorgeschlagenen Denkalternativen wirken im ersten Augenblick auch komplizierter und aufwendiger als die traditionelle Herangehensweise, die Sie aus der Schule kennen. Wenn Sie sich aber ein bisschen intensiver damit beschäftigen, wird die eine oder andere Denkstrategie auch einen Platz in Ihrem Alltag finden. Ein bisschen Übung ist natürlich auch hier erforderlich.

Mit den Tricks aus diesem Buch verhält es sich ähnlich wie mit dem Schreiben auf der Computertastatur. Wenn Sie es gewohnt sind, mit zwei Fingern zu schreiben, sind Sie wahrscheinlich recht schnell. Wenn Sie aber noch schneller werden wollen, müssen Sie irgendwann mal beginnen, mit zehn Fingern zu schreiben. Das wirkt am Anfang viel komplizierter und ist erst einmal langsamer, aber wenn Sie ein bisschen Übung haben, sind Sie wesentlich schneller.

Das Buch ist so aufgebaut, dass Sie in der Regel pro Doppelseite einen kleinen Aha-Effekt erleben. Ich habe versucht, überflüssigen Text zu vermeiden und die Regeln auf den Punkt zu bringen.

Und jetzt wünsche ich Ihnen viele kleine und große „Aha-Effekte" beim Ausprobieren der Rechen- und Denktricks.

Übrigens: Wissen Sie, warum unsere Ziffern so aussehen, wie sie aussehen? Nein.

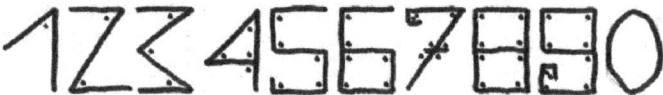

Für die Form der Ziffern ist die Anzahl der Winkel verantwortlich. Die 1 hat einen Winkel, die 2 zwei Winkel usw.

Aha!

Ihr Helmut Lange

Was? Addieren

Addieren mit 10er-Päckchen

Wozu?

Wenn man mehrere (kleinere) Zahlen miteinander addiert.

Wie?

1. Man addiert die Zahlen nicht unbedingt in der Reihenfolge, wie sie dastehen, sondern man bildet 10er-Päckchen (10, 20, 40, 90 usw.).
2. Addiert man die Zahlen, die zusammen einen runden 10er ergeben, kann man mit den Ergebnissen mühelos weiterrechnen.
3. Zahlen, mit denen man kein 10er-Päckchen bilden kann, werden zum Schluss dazugezählt.

Beispiel: 7 + 1 + 5 + 13 + 9

$$7 + 13 = 20$$

$$7 + 1 + 5 + 13 + 9 =$$

$$1 + 9 = 10$$

$$20 + 10 = 30 + 5 = \underline{35}$$

Mit der übrig gebliebenen 5 kann man kein 10er-Päckchen bilden; dann einfach zum Schluss dazuzählen.

Übung: a) 7 + 4 + 3 + 6   b) 14 + 2 + 8 + 6 + 3

Lösung: a) 20   b) 33

Was? Addieren

Addieren mit 100er-Päckchen

Wozu?

Wenn man mehrere (größere) Zahlen miteinander addiert.

Wie?

1. Man addiert die Zahlen nicht unbedingt in der Reihenfolge, wie sie dastehen, sondern man bildet 100er-Päckchen (100, 400 usw.).
2. Addiert man die Zahlen, die zusammen einen runden 100er ergeben, kann man mit diesem Ergebnis einfacher weiterrechnen.
3. Zahlen, mit denen man keine 100er- oder 10er-Päckchen bilden kann, werden am Ende draufgerechnet.

Beispiel: 30 + 80 + 170 + 3

$$30 + 170 = 200$$

$$30 + 80 + 170 + 3 =$$

$$80 + 3 = 83$$

$$200 + 83 = \underline{283}$$

Die übrig gebliebene 80 und die 3 können nicht zu einem Päckchen gebunden werden; dann zum Schluss addieren.

Übung: a) 120 + 3 + 80 + 4   b) 640 + 9 + 160 + 7

c) 110 + 7 + 582 + 1 + 15

Lösung: a) 207 b) 816 c) 715

12

Was? Addieren

Addieren durch Runden

Wozu?

Addieren von Zahlen, wobei mindestens eine davon sich in der Nähe einer runden Zahl befindet.

Wie?

1. Die Zahl auf- bzw. abrunden.
2. Die runde Zahl zum anderen Summanden addieren (Zwischenergebnis).
3. Die Füllzahl vom Zwischenergebnis abziehen bzw. zum Zwischenergebnis addieren.

Beispiel 1 (aufrunden): 297 + 266

Summanden auf die nächste runde Zahl aufrunden

$$297 + 266 =$$
$$300 (-3) + 266 =$$
$$566 - 3 = \underline{563}$$

Beispiel 2 (abrunden): 202 + 557

Summanden auf die nächste runde Zahl abrunden

$$202 + 557 =$$
$$200 (+2) + 557 =$$
$$757 + 2 = \underline{759}$$

Übung: a) 274 + 102 b) 453 + 395 c) 4558 + 290

Lösung: a) 376 b) 848 c) 4848

Was? Addieren

Addieren 10er plus 1er extra

Wozu?

Wenn man Schwierigkeiten hat, 2- oder 3-stellige Zahlen
schnell zu addieren, kann man diese Methode anwenden.

Wie?

1. Die Zehner der beiden Summanden addieren
   (Zwischenergebnis 1). Ohne die 0 rechnen und dann die 0
   wieder ans Ergebnis anfügen.
2. Die Einer der beiden Summanden addieren
   (Zwischenergebnis 2).
3. Die beiden Zwischenergebnisse addieren.
4. Auf Überträge achten.

Beispiel 1: 37 + 86

$$\begin{array}{r} 3\,7 \\ +\ 8\,6 \end{array}$$

$$3(0) + 8(0) = 11(0)$$

$$7 + 6 = 13$$

$$110 + 13 = \underline{123}$$

+ 1 Übertrag

Übung:

a) 74 + 13   b) 52 + 95   c) 77 + 194   d) 123 + 66

Lösung: a) 87   b) 147   c) 271   d) 189

Was? Addieren

Addieren in der Nähe von 1000

Wozu?

Eine Zahl um 100 oder 1000 zu einer anderen Zahl addieren.

Wie?

1. Ist die zu addierende Zahl (zweiter Summand) 999, dann gilt: Hinten (Einer) eins weg und einfach eins davorsetzen.
2. Fehlen noch Einer auf Tausend (z. B. 997), dann gilt: Hinten (Einer) die fehlenden Einer (3) weg und vorne (Tausender) 1 dazu.
3. Das gilt natürlich auch umgekehrt für Zahlen knapp über Tausend: Die überzähligen Einer (z. B. bei 1003 = 3) hinten (Einer) dazuzählen.

Beispiel 1: 752 + 999

T	H	Z	E	
	7	5	2	(erster Summand)
+	9	9	9	(zweiter Summand)

1 Tausender dazu 1 7 5 1 *1 Einer weg*

in der Leserichtung rechnen: von links nach rechts ⟹

Übung:

a) 1273 + 999   b) 2453 + 997   c) 4558 + 995   d) 119 + 99

Lösung: a) 2272 b) 3450 c) 5553 d) 218

Was? Addieren

Gruppentrick Addition

Wozu?

Eine mehrstellige Zahl zu einer mehrstelligen Zahl addieren.

Wie?

1. Die beiden Summanden untereinanderschreiben.
2. Die Zahlen in überschaubare 2er-Gruppen aufteilen.
3. Jetzt addiert man paarweise.
4. Bevor man das Ergebnis aufsagt, sollte man überprüfen, wo es Überträge gibt.

Vorteil: Man rechnet von links nach rechts und kann das Ergebnis ziemlich schnell aufsagen.

Beispiel 1: 14362333 + 23653431

$$14 \mid 36 \mid 23 \mid 33$$
$$+\ 23 \mid 65 \mid 34 \mid 31$$

$$37 \mid 101 \mid 57 \mid 64$$
+ 1 Übertrag
$$38 \mid 01 \mid 57 \mid 64$$

in der Leserichtung rechnen: von links nach rechts

Übung:

a) 16|22|33|53
  + 62|51|12|31

b) 12|43|33|14|53
  + 12|23|62|43|25

c) 4|15|51
  + 5|88|45

Lösung: a) 78734584 b) 24669557 78 c) 100396

Was? Subtrahieren

Subtrahieren von 10/100 usw.

Wozu?

X-beliebige Zahlen von 10/100/1000/10000 usw. abziehen

Wie?

1. Die Zahl mit den Nullen (Minuend) oben hinschreiben.
2. Die abzuziehende Zahl (Subtrahend) unter die Nullen schreiben. Hunderter-Zehner-Einer (H-Z-E) unter Hunderter-Zehner-Einer.
3. Die Hunderter des Subtrahenden plus die Hunderter des Ergebnisses ergeben zusammen immer 9.
4. Die Zehner des Subtrahenden plus die Zehner des Ergebnisses ergeben zusammen immer 9.
5. Die Einer des Subtrahenden plus die Einer des Ergebnisses ergeben zusammen immer 10.
6. Da man das Ergebnis von links nach rechts ausrechnet, kann man das Ergebnis sofort aufsagen.
7. Während man eine Zahl spricht, kann die nächste Zahl schon ausgerechnet werden.
8. Da man im Deutschen die Einer vor den Zehnern spricht, rechnet man auch direkt nach den Hundertern die Einer und dann zum Schluss die Zehner aus.

Beispiel 1:

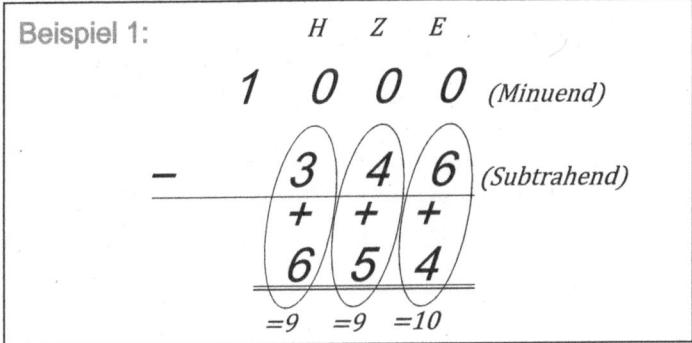

17

Beispiel 2:

So richtig beeindrucken kann man bei großen Zahlen!

$$1 . 0 \quad 0 \quad 0 . 0 \quad 0 \quad 0 . 0 \quad 0 \quad 0$$
$$- \quad 4 \quad 4 \quad 6 . 7 \quad 7 \quad 4 . 6 \quad 1 \quad 3$$
$$+ \quad + \quad + \quad + \quad + \quad + \quad + \quad + \quad +$$
$$5 \quad 5 \quad 3 . 2 \quad 2 \quad 5 . 3 \quad 8 \quad 7$$
$$=9 \quad =9 \quad =9 \quad =9 \quad =9 \quad =9 \quad =9 \quad =9 \quad =10$$

Übung:

1a) 10	1b) 10	2a) 1,00 €	2b) 1,00 €
− 8	− 3	− 0,33 €	− 0,68 €

3a) 1000	3b) 1000	3c) 1000	3d) 1000
− 363	− 478	− 591	− 327

4a) 10000	4b) 10000	4c) 10000
− 8749	− 1539	− 6679

Lösung:

4a) 1251   4b) 8461   4c) 3321

3a) 637   3b) 522   3c) 409   3d) 673

1a) 2   1b) 7   2a) 0,67 €   2b) 0,32 €

Was? Subtrahieren

Subtrahieren um die 1000

Wozu?

Eine Zahl um 100/1000 von einer anderen Zahl subtrahieren.

Wie?

1. Ist die abzuziehende Zahl (Subtrahend) 999, dann gilt: Hinten (Einer) 1 dazu und vorne (Tausender) 1 weg. Fertig.
2. Fehlen noch Einer auf Tausend (z. B. 997), dann gilt: Hinten (Einer) die fehlenden Einer (3) dazu und vorne (Tausender) 1 weg.
3. Das gilt natürlich auch umgekehrt für Zahlen knapp über Tausend: Die überzähligen Einer (z. B. bei 1003 = 3) hinten (Einer) abziehen.

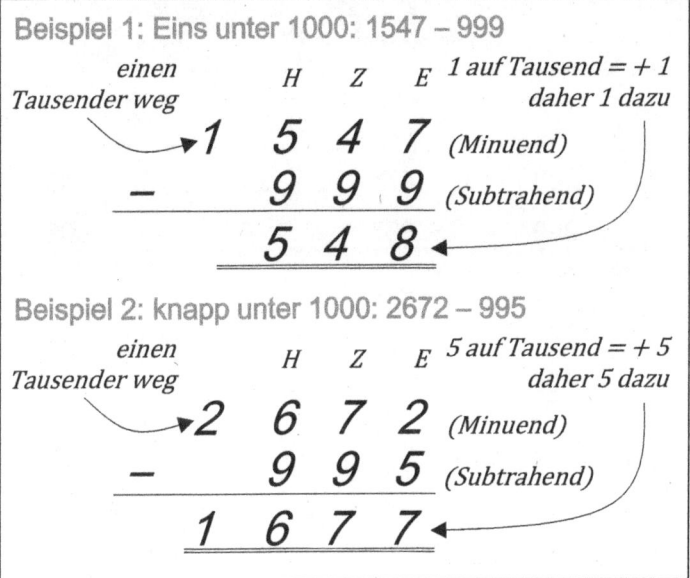

Beispiel 1: Eins unter 1000: 1547 – 999

einen Tausender weg

H Z E

1 auf Tausend = + 1 daher 1 dazu

1 5 4 7 (Minuend)

– 9 9 9 (Subtrahend)

5 4 8

Beispiel 2: knapp unter 1000: 2672 – 995

einen Tausender weg

H Z E

5 auf Tausend = + 5 daher 5 dazu

2 6 7 2 (Minuend)

– 9 9 5 (Subtrahend)

1 6 7 7

Beispiel 3: Eins über 1000: 1547 – 999

einen Tausender weg

	H	Z	E	*1 über Tausend = – 1 daher 1 abziehen*
1	**5**	**4**	**7**	*(Minuend)*
– 1	**0**	**0**	**1**	*(Subtrahend)*
	5	**4**	**6**	

Beispiel 4: knapp über 1000: 2672 – 1006

einen Tausender weg

	H	Z	E	*6 auf Tausend = – 6 daher 6 abziehen*
2	**6**	**7**	**2**	*(Minuend)*
– 1	**0**	**0**	**6**	*(Subtrahend)*
1	**6**	**6**	**6**	

Übung:

1a) 1223	1b) 1475	1c) 2991	1d) 1880
– 999	– 997	– 992	– 993

2a) 1763	2b) 1651	2c) 5662
– 1001	– 1003	– 1009

Lösung:

		2c) 4653	
		2b) 648	2a) 762
1d) 887	1c) 1999	1b) 478	1a) 224

Was? Subtrahieren

Subtrahieren mit Plus

Wozu?

Einfacher Trick, um zwei Zahlen voneinander abzuziehen.

Wie?

1. Der Subtrahend wird auf den nächsten Zehner erhöht.
2. Den gleichen Wert, um den man den Subtrahenden auf den nächsten 10er (oder 100er) erhöht, nimmt man und addiert ihn auf den Minuenden.
3. Nur 10er abzuziehen ist einfacher als Zehner und Einer.

Beispiel 1: 342 - 27

$$3\ 4\ 2\ _{+3}$$
$$-\ \ 2\ 7\ _{+3}$$

Plus 3 auf den nächsten Zehner: 27 plus 3 = 30

$$3\ 4\ 5$$
$$-\ \ 3\ 0$$
$$\overline{3\ 1\ 5}$$

Die neue Aufgabe ist einfacher zu rechnen.

Beispiel 2: 1561 - 352

$$1\ 5\ 6\ 1\ _{+8}$$
$$-\ 3\ 5\ 2\ _{+8}$$

Plus 8 auf den nächsten Zehner: 352 plus 8 = 360

$$1\ 5\ 6\ 9$$
$$-\ \ 3\ 6\ 0$$

Die neue Aufgabe ist einfacher zu rechnen.

$$\overline{1\ 2\ 0\ 9}$$

Beispiel 3 auf den nächsten 100er: 1308-145

$$
\begin{array}{r}
1 \quad 3 \quad 0 \quad 8 \,{}_{+55} \\
- \quad 1 \quad 4 \quad 5 \,{}_{+55} \\
\hline
1\ 3\ 6\ 3 \\
- \quad 2\ 0\ 0 \\
\hline
1 \quad 1 \quad 6 \quad 3
\end{array}
$$

Plus 55 auf den nächsten Hunderter: 145 plus 55 = 200

Die neue Aufgabe ist einfacher zu rechnen.

Übung:

1a)	114	1b)	239	1c)	215	1d)	556
–	7	–	19	–	56	–	98

2a)	1753	2b)	5652	2c)	5922
–	433	–	568	–	449

Übung: auf den nächsten 100er

3a)	1753	3b)	5352	3c)	5772
–	783	–	588	–	689

Lösung:

3a) 970   3b) 4764   3c) 5083
2a) 1320   2b) 5084   2c) 5473
1a) 107   1b) 220   1c) 159   1d) 458

Was? Multiplizieren

Gruppentrick x 3

Wozu?

Eine mehrstellige Zahl mit 3 multiplizieren.

Wie?

1. Die Zahl in überschaubare Gruppen aufteilen.
2. Senkrechte Striche zwischen den Ziffern ziehen.
3. Jede Gruppe wird jetzt einzeln mit 3 multipliziert.
4. Bei Überträgen: Zur linken Gruppe dazuzählen.

Beispiel 1: 7238 x 3

$$7 \mid 23 \mid 8 \quad x\,3 =$$
$$21 \mid 69 \mid \overset{+}{2}4$$
$$21 \mid 71 \mid 4$$

Beispiel 2: 2341171 x 3

$$23 \mid 41 \mid 17 \mid 1 \quad x\,3 =$$
$$69 \mid \overset{+}{1}23 \mid 51 \mid 3$$
$$70 \mid {}^{1}23 \mid 51 \mid 3$$

Übung: a) 1234441 x 3   b) 34522212 x 3

Lösung: a) 3703323 b) 103566636

23

3er-Trick nach Trachtenberg

Wozu?

Dieser Trick zeigt, wie man eine x-stellige Zahl im Kopf mit 3 multiplizieren kann.

Wie?

Der Trachtenberg-Trick x 3 lautet folgendermaßen:

1. Die Einer werden von 10 abgezogen und dann verdoppelt. Die 5 wird dann dazuaddiert, wenn es sich um eine ungerade Zahl handelt.
2. Alle anderen Ziffern (Zehner, Hunderter usw.) werden von 9 abgezogen und verdoppelt. 5 addieren, wenn die Ziffer ungerade ist. Zusätzlich: Plus halber Nachbar.
3. Letzte Ziffer 0: Halber Nachbar minus 2.

Tipp

Weil man bei diesem Trick die Einer erst aufsagt, dann die Zehner usw., kann man mit den „Händen merken" (siehe Seite 74).

Beispiel ohne Übertrag: 888 x 3

$$0\ 8\ 8\ 8 \times 3 = \underline{2664}$$

1. Die 8 (10 – 8 mal 2 = 4) ist 4   ⟶ 4

2. Die 8 (9 – 8 mal 2 = 2) plus ½ Nachbar (4) = 6   ⟶ 6

3. Die 8 (9 – 8 mal 2 = 2) plus ½ Nachbar (4) = 6   ⟶ 6

4. Letzte Ziffer 0: ½ Nachbar (4) minus 2 = 2   ⟶ 2

Beispiel mit Übertrag: 624 x 3

$$0\ 6\ 2\ 4 \times 3 = \underline{1872}$$

1. Die 4 (10 – 4 = 6 mal 2) ist 12; 2 und 1 gemerkt   ⟶ *2*

2. Die 2 (9 – 2 = 7 mal 2) ist 14 plus halber Nachbar

   (2) plus die gemerkte 1 ist 17; 7 und 1 gemerkt ⟶ *7*

3. Die 6 (9 – 6 = 3 mal 2) ist 6 plus halber Nachbar ⟶ *8*

   (1) plus die gemerkte 1 ist 8

4. Die 0 plus halber Nachbar (3) minus 2 ist 1   ⟶ *1*

Beispiel mit Ungeraden und Übertrag: 71 x 3

$$0\ 7\ 1 \times 3 = \underline{213}$$

1. Die 1 (10 – 1 = 9 mal 2) ist 18 plus 5

   (da 1 eine ungerade Zahl ist) = 23; 3 und 2 gemerkt ⟶ *3*

2. Die 7 (9 – 7 = 2 mal 2) ist 4 plus halber Nachbar

   (1 : 2 = 0!) plus die gemerkte 2; plus 5 ⟶ *1*

   (da 7 eine ungerade Zahl ist) = 11; 1 und 1 gemerkt ⟶ *2*

3. Die 0 plus halber Nachbar (7 : 2 = 3!) minus

   die gemerkte 1; minus 2 ist 0   ⟶ *0*

Übung mit geraden Zahlen:

1a) 884 x 3 =   2a) 686 x 3 =

1b) 666 x 3 =   2b) 868 x 3 =

Übung mit Ungerade und Übertrag:

3a) 345 x 3 =   3b) 523 x 3 =

Lösung: 3b) 1569   2b) 2604   1b) 1998

           3a) 1035   2a) 2058   1a) 2652

4er-Trick nach Trachtenberg

Wozu?

Dieser Trick zeigt, wie man eine x-stellige Zahl im Kopf mit 4 multiplizieren kann.

Wie?

Der Trachtenberg-Trick lautet folgendermaßen:

1. Die Einer werden von 10 abgezogen und 5 dazuaddiert, wenn es sich um eine ungerade Zahl handelt.
2. Alle anderen Ziffern (Zehner, Hunderter usw.) werden von 9 abgezogen. Auch hier werden 5 addiert, wenn die Ziffer ungerade ist. Zusätzlich: Plus halber Nachbar.
3. Letzte Ziffer 0: Halber Nachbar minus 1.

Tipp

Weil man bei diesem Trick die Einer erst aufsagt, dann die Zehner usw., kann man mit den „Händen merken" (siehe Seite 74).

Beispiel ohne Übertrag: 2424 x 4

$$0\ 2\ 4\ 2\ 4 \times 4 = \underline{9696}$$

1. Die 4 (10 – 4 = 6) ist 6   ⟶   **6**

2. Die 2 (9 – 2 = 7) plus halber Nachbar(2) = 9 ⟶   **9**

3. Die 4 (9 – 4 = 5) plus halber Nachbar (1) = 6 ⟶   **6**

4. Die 2 (9 – 2 = 7) plus halber Nachbar (2)   ⟶   **9**

5. Die 0 plus halber Nachbar(1) minus 1 (da 0) ⟶   **0**

Beispiel mit einer ungeraden Zahl: 694 x 4

$$0\ 6\ 9\ 4 \times 4 = \underline{2776}$$

1. Die 4 (10 – 4 = 6) ist 6   ➔ *6*
2. Die 9 (9 – 9 = 0) plus halber Nachbar (2)   ➔ *7*
      plus 5 (da 1 eine ungerade Zahl ist)
3. Die 6 (9 – 6 = 3) plus halber Nachbar (9 : 2 = 4!) ist 2 ➔ *7*
4. Die 0 plus halber Nachbar (3) minus 1 (da 0)   ➔ *2*

Beispiel mit Ungeraden und Übertrag: 921 x 4

$$0\ 9\ 2\ 1 \times 4 = \underline{3684}$$

1. Die 1 (10 – 1 = 9) ist 9 plus 5   ➔ *4*
      (da 1 eine ungerade Zahl ist) = 14; 4 und 1 gemerkt
2. Die 2 (9 – 2 = 7) ist 7 plus   ➔ *8*
      halber Nachbar (1 : 2 = 0!) plus die gemerkte 1 ist 8
3. Die 9 (9 – 9 = 0) ist 0 plus 5 (da 9 eine   ➔ *6*
      ungerade Zahl ist) 3 plus die gemerkte 1
      (da 1 eine ungerade Zahl ist)
4. Die 0 plus halber Nachbar (9 : 2 = 4!) minus 1 (da 0) ➔ *3*

Übung ohne Übertrag: Übung mit ungerader Zahl:

1a) 424 x 4 =   2a) 749 x 4 =

1b) 246 x 4 =   2b) 942 x 4 =

Übung mit Ungerade und Übertrag:

3a) 145 x 4 =   3b) 521 x 4 =

Lösung: 3b) 2084   2b) 3768   1b) 984

         3a) 580   2a) 2996   1a) 1696

Was? Multiplizieren

Gruppentrick x 5

Wozu?

Eine mehrstellige Zahl mit 5 multiplizieren.

Wie?

Mit 5 multiplizieren ist das Gleiche wie die Hälfte verzehnfachen (nur einfacher). Das gelingt bei zwei- und dreistelligen Zahlen ganz gut. Wie geht man also mit mehrstelligen Zahlen um, die mit 5 multipliziert werden?

1. Die Zahl in überschaubare Gruppen aufteilen.
2. Am besten zieht man senkrechte Striche zwischen den Ziffern
3. Jede Gruppe wird jetzt einzeln mit 5 multipliziert, indem man sie halbiert. Am Ende kommt dann nur noch eine Null hin. Fertig!

Vorteil: Man rechnet von links nach rechts und kann das Ergebnis ziemlich schnell aufsagen.

Beispiel 1: (gerade Zahl) 34564 x 5

$$34 \mid 56 \mid 4 \quad x\,5 =$$
$$\underline{17 \mid 28 \mid 20} \quad \begin{array}{l} \textit{0 anhängen} \\ \textit{nicht vergessen!} \end{array}$$

Beispiel 2 : (ungerade Zahl) 2613229231 x 5

$$26 \mid 132 \mid 292 \mid 31 \ x\,5 =$$
$$\underline{13 \mid 066 \mid 146 \mid 155}$$

Übung: a) 4351221 x 5   b) 45776112 x 5

Lösung: a) 21.756.105 b) 228.880.560

28

Was? Multiplizieren

5er-Trick

Wozu?

Eine mehrstellige Zahl mit 5 multiplizieren.

Wie?

1. Gerechnet wird von links nach rechts.
2. Man halbiert die Ziffern (oder gleich die ganze Zahl).
3. Und hängt dann noch eine 0 ans Ergebnis.

Vorteil: Man rechnet von links nach rechts und kann das Ergebnis gleich aufsagen.

Beispiel 1 (gerade Ziffern) : 8442 x 5

$$8442 \times 5 =$$
$$\underline{42210}$$

Beispiel 2 (mit ungerader Ziffer) : 8342 x 5

$$8\,3\,{}_1 4\,2 \times 5 =$$
$$\underline{41710}$$

Statt 3 nimmt man die 2 und macht einen Übertrag zur rechten Zahl daneben und nimmt dann von 14 die Hälfte.

Übung:

a) 4351221 x 5   c) 6424 x 5

b) 45776112 x 5   d) 8762 x 5

Lösung: a) 21756105 b) 228880560 c) 32120 d) 43810

Was? Multiplizieren

5er-Trick nach Trachtenberg

Wozu?

Dieser Trick zeigt, wie man eine x-stellige Zahl im Kopf mit 5 multiplizieren kann. Dieser Trick ist ähnlich wie der 5er-Trick, nur rechnet man hier von rechts nach links. Am besten, man probiert es aus, was einem besser liegt.

Wie?

Der Trick nach Trachtenberg lautet folgendermaßen:
1. Wenn der Einer gerade ist, dann 0; wenn ungerade dann 5.
2. Man halbiert die Zahl (mit den 1ern beginnend).
3. Handelt es sich beim linken Nachbarn um eine ungerade Zahl, dann plus 5.
4. Genauso geht man mit den Zehnern, Hundertern usw. vor.

Tipp

Weil man bei diesem Trick die Einer erst aufsagt, dann die Zehner usw., kann man mit den „Händen merken" (siehe Seite 74).

Beispiel mit geraden Ziffern: 2462 x 5

$$2\ 4\ 6\ 2 \times 5 = \underline{12310}$$

1. Der 1er ist gerade, also 0   ⟶   *0*

2. Die 2 halbieren (1) ist 1   ⟶   *1*

3. Die 6 halbieren (3) ist 6   ⟶   *3*

4. Die 4 halbieren (2) ist 2   ⟶   *2*

5. Die 2 halbieren (1) ist 1   ⟶   *1*

Alle Ziffern haben keinen ungeraden linken Nachbarn, also nicht plus 5.

Beispiel mit einer ungeraden Zahl: 143 x 5

$$1\ 4\ 3\ x\ 5 = \underline{715}$$

1. Die 3 (der Einer) ist ungerade, also 5   ⟶ **5**
2. Die 3 halbieren (3 : 2 = 1) plus 0,
   da der linke Nachbar gerade ist; ist 1   ⟶ **1**
3. Die 4 halbieren (4 : 2 = 2) plus 5,
   da der linke Nachbar ungerade ist; ist 7 ⟶ **7**

Beispiel mit 0: 8034 x 5

$$8\ 0\ 3\ 4\ x\ 5 = \underline{40170}$$

1. Die 4 (der Einer) ist gerade, also 0   ⟶ **0**
2. Die 4 halbieren (4 : 2 = 2) plus 5;
   da der linke Nachbar ungerade ist; ist 7 ⟶ **7**
3. Die 3 halbieren (3 : 2 = 1!) plus 0;
   da der linke Nachbar gerade ist; ist 1   ⟶ **1**
4. Die 0 halbieren (0 : 2 = 0) plus 0;
   da der linke Nachbar gerade ist; ist 0   ⟶ **0**
5. Die 8 halbieren (8 : 2 = 4)   ⟶ **4**

Übung mit Geraden:	Übung mit Ungeraden:
1a) 426 x 5 =	2a) 213 x 5 =
1b) 822 x 5 =	2b) 541 x 5 =
1c) 248 x 5 =	2c) 591 x 5 =

Lösung:

Übung mit Ungeraden: 2a) 1065   2b) 2705   2c) 2955

Übung mit Geraden: 1a) 2130   1b) 4110   1c) 1240

Was? Multiplizieren

6er-Trick nach Trachtenberg

Wozu?

Dieser Trick zeigt, wie man eine x-stellige Zahl im Kopf mit 6 multiplizieren kann.

Wie?

Der Trick nach Trachtenberg lautet folgendermaßen:

1. Man addiert zum 1er/10er/100er usw. den halben rechten Nachbarn. Wenn rechts nichts steht, wird 0 dazuaddiert.
2. Handelt es sich bei der Nachbarzahl um eine ungerade Zahl, dann rundet man ab. Also: Die Hälfte von 3 ist 1.
3. Handelt es sich bei der Zahl (Achtung: <u>nicht</u> die Nachbarzahl) um eine ungerade Zahl, dann plus 5.
4. Genauso geht man mit den Zehnern, Hundertern usw. vor.

Tipp

Weil man bei diesem Trick die Einer erst aufsagt, dann die Zehner usw., kann man mit den „Händen merken" (siehe Seite 74).

Beispiel ohne Übertrag: 2264 x 6

$$2\ 2\ 6\ 4 \times 6 = \underline{13584}$$

1. Die 4 plus halber Nachbar (0) ist 4   ⟶   *4*

2. Die 6 plus halber Nachbar (4 : 2) ist 8   ⟶   *8*

3. Die 2 plus halber Nachbar (6 : 2) ist 5   ⟶   *5*

4. Die 2 plus halber Nachbar (2 : 2) ist 3   ⟶   *3*

5. Die 0 plus halber Nachbar (2 : 2) ist 1   ⟶   *1*

Merke:

Links und rechts stehen zwei „unsichtbare Nullen": 022640.

Beispiel mit einer ungeraden Zahl: 214 x 6

$$2\ 1\ 4\ x\ 6 = \underline{1284}$$

1. *Die 4 plus halber Nachbar (0) ist 4*   ⟶ **4**
2. *Die 1 plus halber Nachbar (4 : 2) ist 3*   ⟶ **8**
   plus 5 (da 1 eine ungerade Zahl ist)
3. *Die 2 plus halber Nachbar (1 : 2 = 0!) ist 2* ⟶ **2**
4. *Die 0 plus halber Nachbar (2 : 1) ist 1*   ⟶ **1**

Beispiel mit Ungeraden und Übertrag: 145 x 6

$$1\ 4\ 5\ x\ 6 = \underline{870}$$

1. *Die 5 plus halber Nachbar (0) ist 5 plus 5*   ⟶ **0**
   (da 5 eine ungerade Zahl ist) ist 10; 0 und 1 gemerkt
2. *Die 4 plus halber Nachbar (5 : 2 = 2!) ist 6 plus* ⟶ **7**
   die gemerkte 1 ist 7
3. *Die 1 plus halber Nachbar (2) ist 3 plus 5*   ⟶ **8**
   (da 1 eine ungerade Zahl ist)
4. *Die 0 plus halber Nachbar (1 : 2 = 0)*   ⟶ **0**

Übung ohne Übertrag: Übung mit ungerader Zahl:

1a) 426 x 6 =   2a) 212 x 6 =

1b) 822 x 6 =   2b) 441 x 6 =

Übung mit Ungerade und Übertrag:

3a) 143 x 6 =   3b) 521 x 6 =

Lösung:

Übung Ungerade/Übertrag:	3a) 858	3b) 3126
Übung mit ungerader Zahl:	2a) 1272	2b) 2646
Übung ohne Übertrag:	1a) 2556	1b) 4932

33

7er-Trick nach Trachtenberg

Wozu?

Dieser Trick zeigt, wie man eine x-stellige Zahl im Kopf mit 7 multiplizieren kann.

Wie?

Der Trick ist ähnlich wie der 6er-Trick:

1. Man verdoppelt den Einer und zählt dann die Hälfte des rechten Nachbarn dazu.
2. Handelt es sich bei der Nachbarzahl um eine ungerade Zahl, dann rundet man ab. Also: Die Hälfte von 3 ist 1.
3. Handelt es sich bei der Zahl (Achtung: <u>nicht</u> die Nachbarzahl) um eine ungerade Zahl, dann plus 5.
4. Genauso geht man mit den Zehnern, Hundertern usw. vor.

Tipp

Weil man bei diesem Trick die Einer erst aufsagt, dann die Zehner usw., kann man mit den „Händen merken" (siehe Seite 74).

Beispiel ohne Übertrag: 2404 x 7

$$2\,4\,0\,4 \times 7 = \underline{16828}$$

1. Die 4 doppelt plus ½ Nachbar (0) ist 8   ⟶   8
2. Die 0 doppelt plus ½ Nachbar (2) ist 2   ⟶   2
3. Die 4 doppelt plus ½ Nachbar (0) ist 8   ⟶   8
4. Die 2 doppelt plus ½ Nachbar (2) ist 6   ⟶   6
5. Die 0 doppelt plus ½ Nachbar (1) ist 1   ⟶   1

Merke:

Links und rechts stehen zwei „unsichtbare Nullen": 024040.

Beispiel mit einer ungeraden Zahl: 412 x 7

$$4\ 1\ 2 \times 7 = \underline{2884}$$

1. Die 2 doppelt plus ½ Nachbar (0) ist 4   ⟶ **4**
2. Die 1 doppelt plus ½ Nachbar (1) ist 8   ⟶ **8**
   plus 5 (da 1 eine ungerade Zahl ist)
3. Die 4 doppelt plus ½ Nachbar (1 : 2 = 0!) ist 8 ⟶ **8**
4. Die 0 doppelt plus ½ Nachbar (2) ist 2   ⟶ **2**

Beispiel mit Ungeraden und Übertrag: 163 x 7

$$1\ 6\ 3 \times 7 = \underline{1141}$$

1. Die 3 doppelt plus 5 (da 3 ungerade ist)   ⟶ **1**
   plus ½ Nachbar (0) ist 11; 1 gemerkt
2. Die 6 doppelte plus ½ Nachbar (3 : 2 = 1!) plus ⟶ **4**
   die gemerkte 1 ist 14; 4 und 1 gemerkt
3. Die 1 doppelt plus 5 (da 1 ungerade ist)   ⟶ **1**
   plus ½ Nachbar (3 : 2 = 1!)
   plus die gemerkte 1 = 11   ⟶ **1**
4. Die 0 plus halber Nachbar (1 : 2 = 0)   ⟶ **0**

Übung ohne Übertrag: Übung mit ungerader Zahl:

1a) 420 x 7 =   2a) 214 x 7 =

1b) 222 x 7 =   2b) 421 x 7 =

Übung mit ungeraden Zahlen und Übertrag:

3a) 143 x 7 =   3b) 521 x 7 =

Lösung: 3b) 3647   2b) 2947   1b) 1554
          3a) 1001   2a) 1498   1a) 2940

8er-Trick nach Trachtenberg

Wozu?

Dieser Trick zeigt, wie man eine x-stellige Zahl im Kopf mit 8 multiplizieren kann.

Wie?

Der Trick nach Trachtenberg lautet folgendermaßen:
1. Die rechte Ziffer (Einer) von 10 abziehen und verdoppeln.
2. Die Ziffern in der Mitte von 9 abziehen, dann verdoppeln und noch den rechten Nachbarn addieren.
3. Von der Ziffer ganz links wird 2 abgezogen.

Tipp

Weil man bei diesem Trick die Einer erst aufsagt, dann die Zehner usw., kann man mit den „Händen merken" (siehe Seite 74).

Beispiel 1: 6469 x 8

$$6\ 4\ 6\ 9 \times 8 = \underline{51752}$$

1. 9 von 10 abziehen (= 1) verdoppeln = 2   ⟶ **2**
2. 6 von 9 abziehen (= 3) verdoppeln plus rechter Nachbar (6 plus 9) = 15; 5 und 1 gemerkt   ⟶ **5**
3. 4 von 9 abziehen (= 5) verdoppeln plus rechter Nachbar (10 plus 6) = 16 plus gemerkte 1 = 17; 7 und 1 gemerkt   ⟶ **7**
4. 6 von der 9 abziehen (= 3) verdoppeln plus den rechten Nachbarn (6 plus 4) plus gemerkte 1 = 11; 1 und 1 gemerkt   ⟶ **1**
5. 6 plus gemerkte 1 ist 7; 7 minus 2 = 5   ⟶ **5**

Beispiel 2: 19789 x 8

$$1\ 9\ 7\ 8\ 9\ x\ 8 = \underline{158312}$$

1. 9 von 10 abziehen (= 1) verdoppeln = 2   ⟶ **2**

2. 8 von 9 abziehen (= 1) verdoppeln plus
   rechter Nachbar (2 plus 9) = 11; 1 und 1 gemerkt,
   da der linke Nachbar gerade ist; ist 1   ⟶ **1**

3. 7 von der 9 abziehen (= 2) verdoppeln plus
   rechter Nachbar (4 plus 8) = 12
   plus die gemerkte 1; ist 13; 3 und 1 gemerkt   ⟶ **3**

4. 9 von der 9 abziehen (= 0) verdoppeln plus
   rechter Nachbar (0 plus 7) = 7
   Plus die gemerkte 1; ist 8   ⟶ **8**

5. 1 von 9 abziehen (= 8) verdoppeln = 16 plus
   rechter Nachbar (16 plus 9) = 25;
   5 und 2 gemerkt   ⟶ **5**

6. 1 plus die gemerkte 2 ist 3;
   3 minus 2 = 1   ⟶ **1**

Übung:

1a) 527 x 8 =   2a) 5217 x 8 =

1b) 421 x 8 =   2b) 8311 x 8 =

1c) 643 x 8 =   2c) 8396 x 8 =

1d) 555 x 8 =   2d) 5360 x 8 =

Lösung:

2d) 42880	2c) 67168	2b) 66488	2a) 41736
1d) 4440	1c) 5144	1b) 3368	1a) 4216

Was? Multiplizieren

9er-Finger-Einmaleins

Wozu?

Das kleine 9er-Einmaleins mit den 10 Fingern lernen.

Wie?

1. Beide Hände mit ausgestreckten Fingern zeigen nach oben.
2. Die Daumen zeigen nach außen (Handflächen zum Gesicht).
3. Der linke Daumen stellt die 1 dar,
   der rechte Daumen die 10.
4. Den Finger beugen, der mit 9 multipliziert werden soll.
5. Jetzt zählen Sie die ausgestreckten Finger rechts vom gebeugten Finger (= Einer vom Ergebnis).
6. Jetzt zählen Sie die ausgestreckten Finger links vom gebeugten Finger (= Zehner vom Ergebnis).

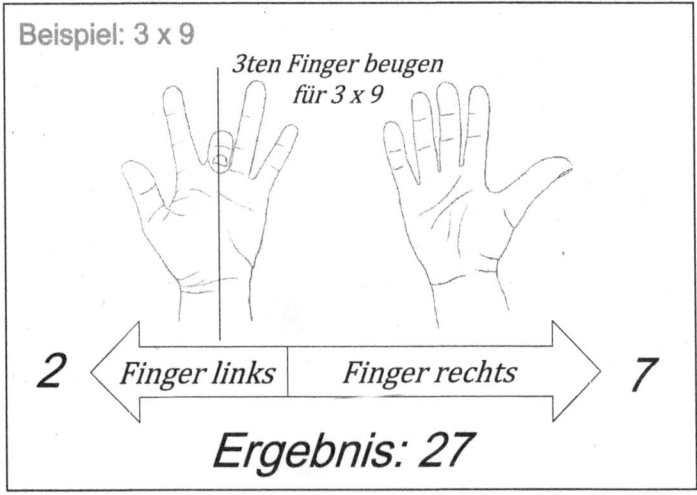

Beispiel: 3 x 9

3ten Finger beugen
für 3 x 9

2 ⟨ *Finger links* | *Finger rechts* ⟩ 7

Ergebnis: 27

Übung:

Das kleine 9er-Einmaleins mit den Händen durchprobieren.

Was? Multiplizieren

9 x Schnapszahl

Wozu?

Es ist unglaublich einfach, eine Schnapszahl (444, 66666, 777777777 usw.) mit 9 zu multiplizieren. Der Trick funktioniert übrigens bei jeder Schnapszahl, egal, wie groß sie ist.

Wie?

1. Den Einer von der Schnapszahl wegnehmen.
2. Den Einer dann mit 9 multiplizieren (Teilergebnis).
3. Den Zehner des Teilergebnisses vor die Schnapszahl.
4. Den Einer des Teilergebnisses hinter die Schnapszahl.
5. Die übrigen Ziffern der Schnapszahl durch 9er ersetzen.
   Fertig!

Beispiel: 6666666 x 9

$$6666666 \times 9 = \quad \text{eine 6 wegnehmen} \atop \text{und mit 9 multiplizieren}$$

$$666666 \mid 6 \times 9 = 54$$

$$59999994$$

die übrigen 6er durch 9er ersetzen

Übung:

a) 44444   b) 55555555   c) 888   d) 3333

e) 99999   f) 77

Lösung:

a) 399996 b) 499999995 c) 7992 d) 29997 e) 899991 f) 693

39

Was? Multiplizieren

9er-Trick nach Trachtenberg

Wozu?

Dieser Trick zeigt, wie man eine x-stellige Zahl im Kopf mit 9 multiplizieren kann.

Wie?

Der 9er-Trick nach Trachtenberg funktioniert wie folgt:

1. Die rechte Ziffer (Einer) von 10 abziehen. Dann hat man die Einer vom Ergebnis.
2. Die Ziffern in der Mitte von 9 abziehen und den rechten Nachbarn addieren.
3. Von der Ziffer ganz links wird 1 abgezogen.

Tipp

Weil man bei diesem Trick die Einer erst aufsagt, dann die Zehner usw., kann man mit den „Händen merken" (siehe Seite 74).

Beispiel 1: 1259 x 9

$$1\,2\,5\,9 \times 9 = \underline{\underline{11331}}$$

1. *9 von 10 abziehen (= 1)* ⟶ 1
2. *5 von 9 abziehen (= 4) plus rechter Nachbar (4 plus 9) = 13; 3 und 1 gemerkt* ⟶ 3
3. *2 von 9 abziehen (= 7) plus rechter Nachbar (7 plus 5) = 12 plus die gemerkte 1 = 13; 3 und 1 gemerkt* ⟶ 3
4. *1 von der 9 abziehen (= 8) plus den rechten Nachbarn (8 plus 2) plus gemerkte 1 = 11; 1 und 1 gemerkt* ⟶ 1
5. *1 plus gemerkte 1 ist 2; 2 minus 1 = 1* ⟶ 1

Beispiel 2: 34018 x 9

$$3\ 4\ 0\ 1\ 8\ x\ 9 = \underline{306162}$$

1. *8 von 10 abziehen (= 2)* ➔ *2*

2. *1 von 9 abziehen (= 8) plus*
   rechter Nachbar (8 plus 8) = 16; 6 und 1 gemerkt,
   da der linke Nachbar gerade ist; ist 1 ➔ *6*

3. *0 von der 9 abziehen (= 9) plus*
   rechter Nachbar (9 plus 1) = 10
   plus die gemerkte 1; ist 11; 1 und 1 gemerkt ➔ *1*

4. *4 von der 9 abziehen (= 5) plus*
   rechter Nachbar (5 plus 0) = 5
   plus die gemerkte 1; ist 6 ➔ *6*

5. *3 von 9 abziehen (= 6) plus*
   rechter Nachbar (6 plus 4) = 10;
   0 und 1 gemerkt ➔ *0*

6. *3 plus die gemerkte 1 ist 4;*
   4 minus 1 = 3 ➔ *3*

Übung:

1a) 227 x 9 =   2a) 7227 x 9 =

1b) 871 x 9 =   2b) 7966 x 9 =

1c) 501 x 9 =   2c) 5326 x 9 =

1d) 875 x 9 =   2d) 1369 x 9 =

Lösung:

2d) 12321   2c) 47934   2b) 71694   2a) 65043

1d) 7875   1c) 4509   1b) 7839   1a) 2043

Was? Multiplizieren

11er-Trick (2-stellig)

Wozu?

Dieser Trick zeigt, wie man eine 2-stellige Zahl im Kopf mit 11 multiplizieren kann. Diese Aufgaben können auch mit dem „Kreuzweise-Trick" (Seite 70) gelöst werden.

Wie?

Grundregel:

$$Z^1 Z^2 \ mal \ 11 = Z^1 (Z^1 + Z^2) Z^2$$

Multipliziert man eine 2-stellige Zahl mit 11, so ist die Ziffer 1 (Z1) an der Stelle der Hunderter, die Ziffer 2 (Z2) an der Stelle der Einer. Auf der Zehnerstelle befindet sich die Summe von Z1 und Z2, sofern das Ergebnis 9 nicht überschreitet. Falls Z1 plus Z2 mehr als 9 ergibt, merkt man sich den Zehner und addiert ihn dann zu den Hundertern.

Beispiel ohne Übertrag:

$$2 \ 6 \ x \ 1 \ 1 = \underline{2 \ 8 \ 6}$$

2+6

2   8   6

Beim Sprechen des Ergebnisses beginnt man mit den Hundertern, dann kommen die Einer und dann die Zehner. In der kurzen Zeit, während man die Hunderter und Einer abliest, kann man die „Zehner addieren".

Beispiel mit Übertrag:

Wenn die Summe der beiden Ziffern größer ist als 9, dann kann man den Zehner gleich zu den Hundertern dazuzählen. Also: Erst hingucken, ob die beiden Ziffern mehr als 9 ergeben, und dann erst die Zahl aufsagen.

$$4\ 8 \times 1\ 1 = \underline{5\ 2\ 8}$$

4+8

4+1   2   8

Übung ohne Übertrag:	Übung mit Übertrag:
a) 42 x 11 = _____	g) 82 x 11 = _____
b) 52 x 11 = _____	h) 65 x 11 = _____
c) 17 x 11 = _____	i) 88 x 11 = _____
d) 21 x 11 = _____	j) 56 x 11 = _____
e) 33 x 11 = _____	k) 92 x 11 = _____
f) 45 x 11 = _____	l) 19 x 11 = _____

Lösung:

g) 902   h) 715   i) 968   j) 616   k) 1012   l) 209

a) 462   b) 572   c) 187   d) 231   e) 363   f) 495

Merkwürdiges:

11 x 11 = 121

111 x 111 = 12321

1111 x 1111 = 1234321 usw.

11er-Trick (3-stellig)

Dieser Trick zeigt, wie man eine 3-stellige Zahl im Kopf mit 11 multiplizieren kann.

Grundregel:

$$Z^1 Z^2 Z^3 \; mal \; 11 = Z^1 (Z^1 + Z^2)(Z^2 + Z^3) Z^3$$

Multipliziert man eine 3-stellige Zahl mit 11, so ist die Ziffer 1 (Z1) an der Stelle der Tausender, die Ziffer 3 (Z3) an der Stelle der Einer. Auf der Zehnerstelle befindet sich die Summe von Z2 und Z3, sofern das Ergebnis 9 nicht überschreitet. Falls (Z2 + Z3) mehr als 9 ergibt, merkt man sich den Zehner und addiert ihn dann zu den Hundertern. Addiert man (Z1 + Z2), erhält man die Hunderter. Falls (Z1 + Z2) mehr als 9 ergibt, merkt man sich den Hunderter und addiert ihn dann zu den Tausendern.

Beispiel ohne Übertrag: 144 x 11 (noch leicht)

$$1\_4\_4 \; x \; 11 = \underline{1584}$$

$$(1+4) \quad (4+4)$$

$$1 \qquad 5 \qquad 8 \qquad 4$$

1   Aus der 144 mach 1_4_4 mit Lücken.

2. Die beiden hinteren Ziffern addieren: 4 + 4 = 8.

3. Die 8 in die erste Lücke. Also 1_484.

4. Die beiden linken Ziffern addieren und anstelle der Lücke 4 (_4) setze:n 1 + 4 = 5.

5. Ergebnis: 1584

Beispiel mit einem Übertrag: 472 x 11

$$4\_7\_2 \times 11 = \underline{5192}$$

(4+1) (7+4) (7+2)

5   ¹1   9   2

Übertrag

Beispiel mit zwei Überträgen: 383 x 11

$$3\_8\_3 \times 11 = \underline{4213}$$

(3+1) (3+8+1) (8+3)

4   ¹2   ¹1   3

Übertrag 2   Übertrag 1

Übung ohne Übertrag:

a) 421 x 11 = ____
b) 521 x 11 = ____
c) 172 x 11 = ____
d) 133 x 11 = ____
e) 214 x 11 = ____
f) 234 x 11 = ____

Übung mit Übertrag:

g) 146 x 11 = _____
h) 129 x 11 = _____
i) 838 x 11 = _____
j) 476 x 11 = _____
k) 586 x 11 = _____
l) 692 x 11 = _____

Lösung: a) 4631 b) 5731 c) 1892 d) 1463 e) 2354 f) 2574
g) 1606 h) 1419 i) 9218 j) 5236 k) 6446 l) 7612

11er-Trick (3-stellig) vedisch

Wozu?

Dieser Trick zeigt, wie man eine 3-stellige Zahl im Kopf mit 11 multiplizieren kann. Vielleicht ist dieser Trick noch einfacher. Am besten mal ausprobieren.

Wie?

Wenn man weiß, wie der offizielle Rechenweg geht, dann kann man diesen Trick gut nachvollziehen. Um das Ergebnis gleich aufsagen zu können, sollte man beachten, dass in der deutschen Leseart die Zehner nach den Einern genannt werden.

Beispiel ohne Übertrag: 144 x 11 (noch leicht)
offizieller Rechenweg:

$$1\ 4\ 4 \quad x \quad 11 = 1584$$
$$+ \quad 1\ 4\ 4$$
$$\overline{1\ 5\ 8\ 4}$$

deutsche Leseart:

Tausender	①	4	4	Eintausend-
Hunderter	(1 + 4)	4		fünfhundert-
Einer	1	4	④	vierund-
Zehner	1	(4 + 4)		achzig

Oder: erstes Ziffernpaar **14**4 plus zweites 1**44** Ziffernpaar (=**58**) in die Mitte setzen: 1**58**4.

Beispiel mit Übertrag: 563 x 11

$$5\ 6\ 3 \quad x \quad 11 = 6193$$
$$+\ \underline{5\ 6\ 3}$$
$$\underline{6\ 1\ 9\ 3}$$

An der Hunderterstelle
des Ergebnisses kommt
der Einer von 11 (5+6).

Tausender	⑤	6	3
Hunderter	⑤ + ⑥		3
Einer	5	6	③
Zehner	5	⑥ + ③	

Auf den ersten Blick kann man sehen, dass Hunderter plus Zehner mehr als Zehn ergeben.

Also beginnt man beim Aufsagen des Ergebnisses nicht mit der 5, sondern gleich mit der 6.

Übung ohne Übertrag:

1a) 421 x 11 =

1b) 521 x 11 =

1c) 172 x 11 =

1d) 133 x 11 =

Übung (ein Übertrag):

2a) 654 x 11 =

2b) 690 x 11 =

2c) 841 x 11 =

2d) 672 x 11 =

Übung (zwei Überträge):

3a) 465 x 11 =   3b) 594 x 11 =   3c) 469 x 11 =

Wenn erstes Ziffernpaar plus zweites Ziffernpaar mehr als 100 ergeben, gibt es zwei Überträge.

Lösung:

Übung (zwei Überträge):   3a) 5115   3b) 6534   3c) 5159

Übung (ein Übertrag):   2a) 7194   2b) 7590   2c) 9251   2d) 7392

Übung ohne Übertrag: 1a) 4631   1b) 5731   1c) 1892   1d) 1463

Was? Multiplizieren

12er-Trick nach Trachtenberg

Wozu?

Dieser Trick zeigt, wie man eine 3-stellige Zahl im Kopf mit 12 multiplizieren kann.

Wie?

Der Trick nach Trachtenberg lautet folgendermaßen:
1. Man nimmt den Einer und verdoppelt ihn.
2. Dann addiert man den rechten Nachbarn zu diesem Zahlenwert. Wenn rechts nichts steht, wird 0 dazuaddiert.
3. Bei einer Zahl, die größer als 10 ist, nimmt man den hinteren Teil und überträgt die 1 zur nächsten Rechnung.
4. Genauso geht man mit den Zehnern, Hundertern usw. vor.

Tipp

Weil man bei diesem Trick die Einer erst aufsagt, dann die Zehner usw., kann man mit den „Händen merken" (siehe Seite 74).

Beispiel ohne Übertrag: 123 x 12

$$1\ 2\ 3 \times 12 = \underline{1476}$$

1. Die 3 verdoppeln + 0 (rechte Zahl daneben) ist 6. ⟶ **6**

2. Die 2 verdoppeln +3 (rechte Zahl daneben) ist 7. ⟶ **7**

3. Die 1 verdoppeln + 2 (rechte Zahl daneben) ist 4. ⟶ **4**

4. Die 0 verdoppeln +1 (rechte Zahl daneben) ist 1. ⟶ **1**

Merke:

Links und rechts stehen zwei „unsichtbare Nullen": 01230.

Beispiel mit einem Übertrag: 234 x 12

$$2\ 3\ 4 \times 12 = \underline{2808}$$

1. Die 4 verdoppeln + 0 (rechte Zahl daneben) ist 8. ——▶ *8*
2. Die 3 verdoppeln + 10 (rechte Zahl daneben) ist 0 (1 gemerkt). ——▶ *0*
3. Die gemerkte 1 (plus) die 2 verdoppelt + 3 (rechte Zahl daneben) ist 8. ——▶ *8*
4. Die 0 verdoppeln + 2 (rechte Zahl daneben) ist 2. ——▶ *2*

Beispiel mit zwei Überträgen: 345 x 12

$$3\ 4\ 5 \times 12 = \underline{4140}$$

1. Die 5 verdoppeln + 0 (rechte Zahl daneben) ist 0. ——▶ *0*
2. Die gemerkte 1 (plus) die 4 verdoppeln + 5 ist 4 (rechte Zahl daneben) ist 0 (1 gemerkt) ——▶ *4*
3. Die gemerkte 1 (plus) die 3 verdoppelt (6) + 4 (rechte Zahl daneben) ist 1. ——▶ *1*
4. Die gemerkte 1 (plus) die 0 verdoppeln (0) + 3 (rechte Zahl daneben) ist 4. ——▶ *4*

Übung ohne Übertrag: Übung (ein Übertrag):

1a) 111 x 12 =   2a) 115 x 12 =

1b) 132 x 12 =   2b) 622 x 12 =

Übung (zwei Überträge):

3a) 465 x 12 =   3b) 594 x 12 =

Lösung:

3b) 7128	3a) 5580	Übung (zwei Überträge):
2b) 7464	2a) 1380	Übung (ein Übertrag):
1b) 1584	1a) 1332	Übung ohne Übertrag:

Was? Multiplizieren

11-19er Trick (Variante a)

Wozu?

Dieser einfache Trick zeigt, wie man 2-stellige Zahlen zwischen 11 und 19 miteinander multiplizieren kann.

Wie?

1. Erste Zahl und den Einer der zweiten Zahl addieren.
2. An das Ergebnis eine 0 anhängen (Teilergebnis 1).
3. Den Einer der ersten Zahl multipliziert man nun mit dem Einer der zweiten Zahl (Teilergebnis 2).
4. Beide Zwischenergebnisse zusammenzählen. Fertig!

Für die meisten ist diese Variante ein bisschen schneller als die Variante b.

Beispiel: 15 x 13

$$15 \times 13$$
$$15 + 3 = 18(0)$$
$$5 \times 3 = \underline{15}$$
$$\underline{195}$$

Übung:

a) 11 x 12 =   b) 15 x 19 =   c) 17 x 14 =

d) 13 x 17 =   e) 14 x 15 =   f) 19 x 12 =

Lösung: a) 132 b) 285 c) 238 d) 221 e) 210 f) 228

11-19er Trick (Variante b)

Wozu?

Diese Variante zu dem gegenüberliegenden Trick zeigt, wie man 2-stellige Zahlen zwischen 11 und 19 miteinander multiplizieren kann.

Wie?

1. Den Zehner der ersten Zahl mit dem Zehner der zweiten Zahl multiplizieren. (Teilergebnis 1= immer 100)
2. Den Einer der ersten Zahl mit dem Einer der zweiten Zahl multiplizieren. (Teilergebnis 2)
3. Den Einer der ersten Zahl mit dem Einer der zweiten Zahl addieren und eine 0 anhängen. (Teilergebnis 3)
4. Alle 3 Teilergebnisse zusammenzählen. Fertig

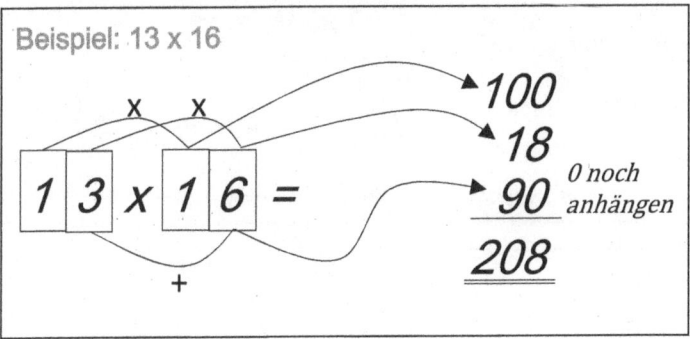

Beispiel: 13 x 16

$$13 \times 16 =$$

100
18
90   0 noch anhängen
___
208

Übung:

a) 11 x 12 =   b) 15 x 19 =   c) 17 x 14 =

d) 13 x 15 =   e) 18 x 13 =   f) 16 x 17 =

Lösung: a) 132   b) 285   c) 238   d) 195   e) 234   f) 272

Was? Multiplizieren

49er-Trick

Wozu?

Dieser einfache Trick zeigt, wie man 2-stellige Zahlen mit 49 multipliziert.

Wie?

1. Man nimmt die Hälfte der Zahl 1,
2. fügt nun zwei Nullen an
3. und zieht die Zahl 1 ab. Fertig.

Aufgaben dieser Art (49er- und 51er-Trick) kann man auch mit dem Kreuzweise-Trick (Seite 70) lösen.

Beispiel: 88 x 49

Zahl 1   Zahl 2

$$8\,8 \times 4\,9 =$$

Halbieren der Zahl 88 = 44 und zwei Nullen anfügen

$$44(00)$$

$$4400 - 88 = \underline{4312}$$

Beim Subtrahieren hilft auch noch der Trick Seite 17

Übung:

a) 66 x 49 =   d) 47 x 49 =   g) 26 x 49 =

b) 58 x 49 =   e) 91 x 49 =   h) 75 x 49 =

c) 51 x 49 =   f) 38 x 49 =   i) 95 x 49 =

Lösung:

			i) 4655
		h) 3675	
		g) 1274	f) 1862
e) 4459	d) 2303	c) 2499	b) 2842	a) 3234

Was? Multiplizieren

51er-Trick

Wozu?

Mit diesem einfachen Trick kann man 2-stellige Zahlen mit 51 multiplizieren.

Wie?

1. Man nimmt die Hälfte der Zahl 1,
2. fügt nun zwei Nullen an. (Bei einer ungeraden Zahl lässt man das Komma weg und fügt nur eine Null an)
3. und addiert die Zahl 1 dazu. Fertig

Beispiel 1: (gerade Zahl) 48 x 51

Zahl 1   *Zahl 2*

Halbieren der Zahl 48 = 24 und zwei Nullen anfügen

$$4\,8 \times 5\,1 =$$
$$24(00)$$
$$2400 + 48 = \underline{2448}$$

Beispiel 2: (ungerade Zahl) 49 x 51

Zahl 1   *Zahl 2*

Halbieren der Zahl 49 = 24,5. Komma weg und eine Null anfügen

$$4\,9 \times 5\,1 =$$
$$24,5(0)$$
$$2450 + 49 = \underline{2499}$$

Übung:

a) 36 x 51 =   c) 32 x 51 =   e) 27 x 51 =

b) 58 x 51 =   d) 72 x 51 =   f) 87 x 51 =

Lösung:

a) 1836   b) 2958   c) 1632   d) 3672   e) 1377   f) 4437

Schwellentrick (Teil 1)

Zahlen, die an der Schwelle zur 100 sind, werden miteinander multipliziert. Mit ein bisschen Übung kann man diese Aufgaben auch im Kopf rechnen.

Wie? Knapp unter 100 (95 bis 99):

1. Beide Faktoren aufrunden auf 100.
2. Die erste Füllzahl vom zweiten Faktor abziehen (= erstes Teilergebnis 4. und 3. Stelle).
3. Die beiden Füllzahlen miteinander multiplizieren (= zweites Teilergebnis 2. und 1. Stelle).
4. Wenn einstellig dann 2. Stelle 0 (z. B. 04).

Diese Aufgaben können auch mit dem „Kreuzweise-Trick" (Seite 70) gelöst werden.

Beispiel (Knapp unter 100): 98 x 97

$$98 \quad + \quad 2 \quad \text{auf 100 aufrunden}$$

$$x\,97 \quad + \quad 3 \quad \text{auf 100 aufrunden}$$

$$97\text{-}2 \qquad 2x3$$

$$\underline{95 \qquad 06}$$

Mit den Tausendern beginnen, weil man die Zahl so spricht. Man kann hier die 2 von der 97 abziehen oder die 3 von der 98 (egal, weil ja das gleiche Ergebnis herauskommt).

Wie? Knapp über 100 (101 bis 105):

1. Beide Faktoren abrunden auf 100.
2. Die erste Füllzahl zum zweiten Faktor addieren.
3. Die beiden Füllzahlen multiplizieren. Wenn einstellig, dann
   2. Stelle 0 (z. B. 04).

Beispiel (Knapp über 100): 104 x 103

$$104 \quad - \quad 4 \text{ auf 100 abrunden}$$

$$x\,103 \quad - \quad 3 \text{ auf 100 abrunden}$$

$$103 + 4 \qquad 4 \times 3$$

$$107 \qquad 12$$

Mit den Tausendern beginnen, weil man die Zahl so spricht. Das kann man machen, da die Zehner nie so hoch werden, um einen Übertrag zu bilden.

Übung (Knapp unter 100):

1a)	95	1b)	99	1c)	98	1d)	95
	x 95		x 97		x 96		x 99

Übung (Knapp über 100):

2a)	101	2b)	104	2c)	103	2d)	105
	x 102		x 105		x 103		x 105

Lösung: 2d) 11025   2c) 10609   2b) 10920   2a) 10302
            1d) 9405   1c) 9408   1b) 9603   1a) 9025

Was? Multiplizieren

Schwellentrick (Teil 2)

Wozu?

Zahlen, die an der Schwelle zur 100 bzw. 1000 sind,, werden miteinander multipliziert. Ein Faktor ist knapp unter 100 bzw. 1000, der andere knapp darüber.

Wie? (Zahlen um 100)

Man berechnet von beiden Faktoren den Abstand zu 100.

1. Die erste Füllzahl zum zweiten Faktor addieren. Merke: Beim Abrunden ist die Füllzahl positiv (= 4. und 3. Stelle des Ergebnisses)!
2. Die beiden Füllzahlen miteinander multiplizieren. Merke: Beim Aufrunden ist die Füllzahl negativ (= 2. und 1. Stelle des Ergebnisses). Wenn einstellig, dann 2. Stelle 0 (z. B. 04).
3. Evtl. das zweite Teilergebnis abziehen vom ersten Teilergebnis.

Diese Aufgaben können auch mit dem „Kreuzweise-Trick" (Seite 70) gelöst werden.

Beispiel 1: 102 x 88

$$102 \quad - \quad 2 \text{ auf 100 abrunden}$$

$$x \; 88 \quad + \quad 12 \text{ auf 100 aufrunden}$$

$$88 + 2 \quad \underset{\text{(Plus mal Minus = Minus)}}{2 \, x - 2}$$

$$9000 - 24 = \underline{8976}$$

Wie? (Zahlen um 1000):

1. Man berechnet von beiden Faktoren den Abstand zu 1000.
2. Die erste Füllzahl zum zweiten Faktor addieren. Merke: Beim Abrunden ist die Füllzahl positiv (= erstes Teilergebnis 6./5. und 4. Stelle)!
3. Die beiden Füllzahlen miteinander multiplizieren. Merke: Beim Aufrunden ist die Füllzahl negativ (= zweites Teilergebnis 3./2. und 1. Stelle)!
4. Evtl. zweites Teilergebnis vom ersten Teilergebnis abziehen.

Beispiel 2: 1003 x 987

$$1003 \quad - \quad 3 \text{ auf 1000 abrunden}$$

$$x \quad 987 \quad + \quad 13 \text{ auf 100 aufrunden}$$

$$987 + 3 \quad 3 x - 13$$
(Plus mal Minus = Minus)

$$990.000 \quad - 39 = \underline{989961}$$

Übung (Zahlen um 100):

1a)   101   1b)   105   1c)   104   1d)   102

   x 96   x 97   x 98   x 96

Übung (Zahlen um 1000):

2a) 1011   2a) 1005   2a) 1111   2a) 1003

   x 997   x 995   x 998   x 989

Lösung:
2d) 991967   2c) 1108778   2b) 999975   2a) 1007967

1d) 9792   1c) 10192   1b) 10185   1a) 9696

Was? Multiplizieren

Ergänzungstrick

Wozu?

Multiplizieren von 2-stelligen Zahlen im gleichen Zehnerraum.
Die Einer der beiden Faktoren ergänzen sich auf 10.
Sehr leicht im Kopf zu rechnen, weil man sich keine Überträge
merken muss. Daher kann man auch gleich mit den Tausendern
bzw. Hundertern beim Aufsagen des Ergebnisses beginnen.

Wie?

1. Die zwei 2-stelligen Faktoren untereinanderschreiben.
2. Die Zehner mit der nächsthöheren Zahl multiplizieren und
   darunterschreiben oder gleich aufsagen.
3. Die Einer multiplizieren und das Ergebnis darunterschreiben
   oder gleich aufsagen.

Diese Aufgaben können auch mit dem „Kreuzweise-Trick"
(Seite 70) gelöst werden.

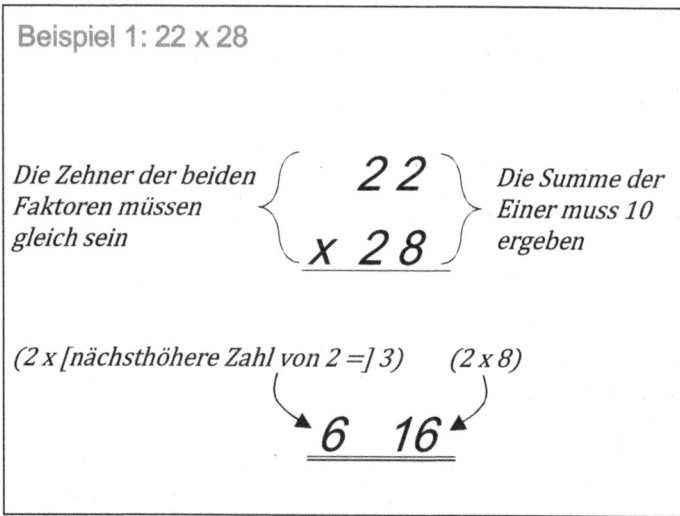

Beispiel 1: 22 x 28

Die Zehner der beiden
Faktoren müssen
gleich sein

$$22$$
$$x\ 28$$

Die Summe der
Einer muss 10
ergeben

(2 x [nächsthöhere Zahl von 2 =] 3)   (2 x 8)

6   16

Beispiel 2: 63 x 67

*Die Zehner der
beiden Faktoren
müssen gleich sein*

$$6\ 3$$
$$x\ 6\ 7$$

*Die Summe der
Einer muss 10 er-
geben*

(6 x [nächsthöhere Zahl von 6 =] 7)   (3 x 7)

$$4\ 2\quad 2\ 1$$

Übung:

Zuerst Ergebnis im Kopf rechnen und dann hinschreiben. Beginne gleich mit den Hundertern bzw. Tausendern.

1a)	24	1b)	46	1c)	81	1d)	74
	x 26		x 44		x 89		x 76

2a)	33	2b)	73	2c)	56	2d)	66
	x 37		x 76		x 54		x 64

Lösung:

2d) 4224   2c) 3024   2b) 5548   2a) 1221

1d) 5624   1c) 7209   1b) 2024   1a) 624

Was? Multiplizieren

Einer-Gleich-Multiplikation

Wozu?

Multiplizieren von 2-stelligen Zahlen, bei denen die Einer gleich sind.

Mit etwas Übung kann man diese Aufgaben gut im Kopf rechnen. Auch hier rechnet man von links nach rechts und kann ziemlich schnell das Ergebnis aufsagen.

Wie?

1. Man multipliziert den Zehner der ersten Zahl (Faktor 1) mit dem Zehner der zweiten Zahl (Faktor 2).
2. Das Ergebnis (Produkt) wird dann mit 100 multipliziert (Zwischenergebnis 1).
3. Jetzt addiert man den Zehner der ersten Zahl (Faktor 1) und den Zehner der zweiten Zahl (Faktor 2).
4. Das Ergebnis (Summe) wird dann mit dem Einer multipliziert. Noch eine 0 anhängen. Fertig (Zwischenergebnis 2).
5. Beide Zwischenergebnisse addieren.
6. Zum Schluss noch den Einer quadrieren und dazuaddieren.

Diese Aufgaben können auch mit dem „Kreuzweise-Trick" (Seite 70) gelöst werden.

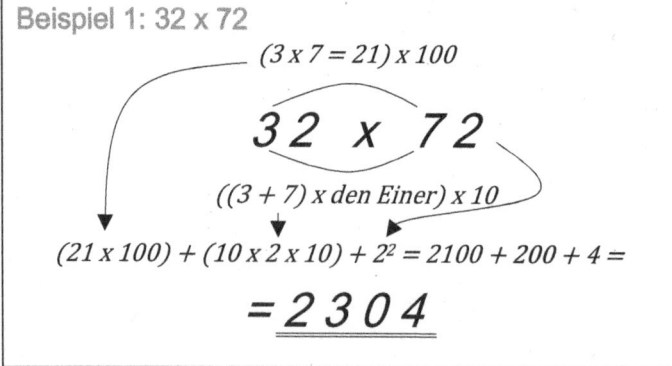

Beispiel 1: 32 x 72

$(3 \times 7 = 21) \times 100$

32×72

$((3 + 7) \times \text{den Einer}) \times 10$

$(21 \times 100) + (10 \times 2 \times 10) + 2^2 = 2100 + 200 + 4 =$

$= \underline{2304}$

Beispiel 2: 43 x 53

$$(4 x 5 = 20) x 100$$

$$43 \ x \ 53$$

$$((3 + 7) x \ den \ Einer) x 10$$

$$(20 x 100) + (9 x 3 x 10) + 3^2 = 2000 + 270 + 9=$$

$$= 2279$$

Übung:

Zuerst Ergebnis im Kopf rechnen und dann hinschreiben. Beginne mit den Hundertern bzw. Tausendern.

1a) 52	1b) 36	1c) 81	1d) 74
x 72	x 86	x 91	x 24

2a) 15	2b) 46	2c) 53	2d) 67
x 45	x 26	x 33	x 17

Lösung:

2a) 675 2b) 1196 2c) 1749 2d) 1139
1a) 3744 1b) 3096 1c) 7371 1d) 1776

Was? Multiplizieren

Zehner-Gleich-Multiplikation

Wozu?

Multiplizieren von 2-stelligen Zahlen, bei denen die Zehner gleich sind. Mit etwas Übung kann man diese Aufgaben gut im Kopf rechnen. Auch hier rechnet man von links nach rechts und kann ziemlich schnell das Ergebnis aufsagen.

Wie?

1. Man multipliziert den Zehner der ersten Zahl (Faktor 1) mit dem Zehner der zweiten Zahl (Faktor 2).
2. Das Ergebnis (Produkt) wird dann mit 100 multipliziert (Zwischenergebnis 1).
3. Jetzt addiert man den Einer der ersten Zahl (Faktor 1) und den Einer der zweiten Zahl (Faktor 2).
4. Das Ergebnis (Summe) wird dann mit dem Zehner multipliziert. Noch eine 0 anhängen. Fertig (Zwischenergebnis 2).
5. Beide Zwischenergebnisse addieren.
6. Zum Schluss noch die beiden Einer multiplizieren und dazuaddieren.

Diese Aufgaben können auch mit dem „Kreuzweise-Trick" (Seite 70) gelöst werden.

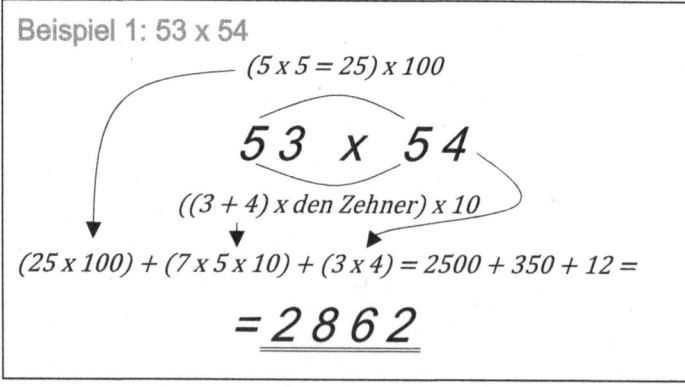

Beispiel 1: 53 x 54

(5 x 5 = 25) x 100

53 x 54

((3 + 4) x den Zehner) x 10

(25 x 100) + (7 x 5 x 10) + (3 x 4) = 2500 + 350 + 12 =

= 2862

Beispiel 2: 62 x 63

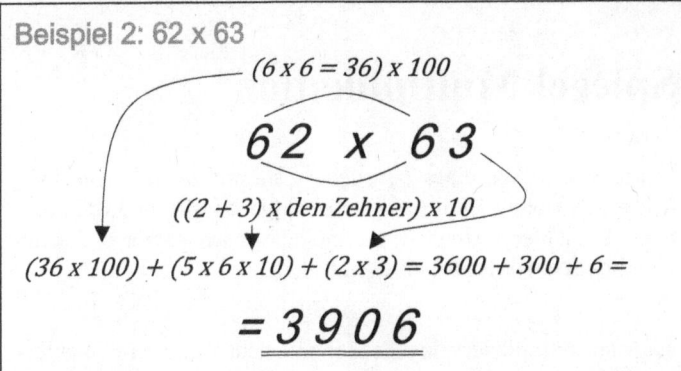

(6 x 6 = 36) x 100

$$6\,2 \quad x \quad 6\,3$$

((2 + 3) x den Zehner) x 10

(36 x 100) + (5 x 6 x 10) + (2 x 3) = 3600 + 300 + 6 =

$$= 3\,9\,0\,6$$

Übung:

Zuerst Ergebnis im Kopf rechnen und dann hinschreiben. Beginne gleich mit den Hundertern bzw. Tausendern.

1a) 11	1b) 32	1c) 63	1d) 42
x 12	x 35	x 61	x 48

2a) 67	2b) 76	2c) 28	2d) 57
x 64	x 74	x 24	x 58

Lösung:

2d) 3306   2c) 672   2b) 5624   2a) 4288

1d) 2016   1c) 3843   1b) 1120   1a) 132

Was? Multiplizieren

Spiegel-Multiplikation

Wozu?

Multiplizieren von einer 2-stelligen Zahl mit deren Spiegelzahl. Mit etwas Übung kann man diese Aufgaben gut im Kopf rechnen. Auch hier rechnet man von links nach rechts und kann ziemlich schnell das Ergebnis aufsagen.

Wie?

1. Man multipliziert den Zehner mit dem Einer eines Faktors und stellt das Ergebnis nebeneinander (Zwischenergebnis 1).
2. Den Zehner quadrieren und 0 anhängen (Zwischenergebnis 2).
3. Den Einer quadrieren und 0 anhängen (Zwischenergebnis 3).
4. Alle drei Zwischenergebnisse addieren.

Diese Aufgaben können auch mit dem „Kreuzweise-Trick" (Seite 70) gelöst werden.

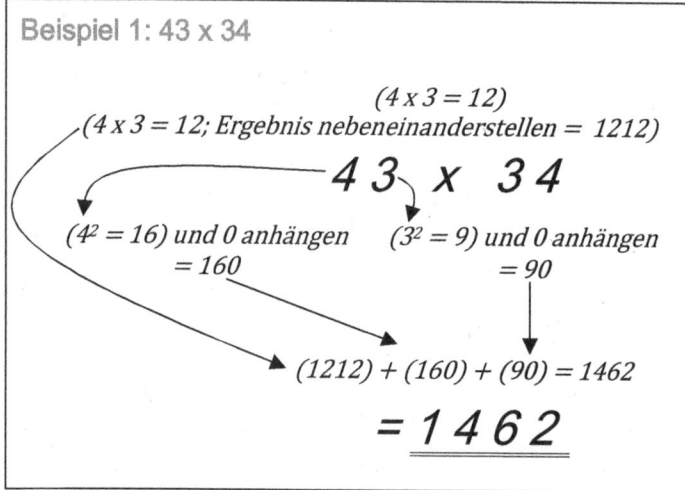

Beispiel 1: 43 x 34

$(4 \times 3 = 12)$

$(4 \times 3 = 12;$ Ergebnis nebeneinanderstellen $= 1212)$

$$4\,3 \; x \; 3\,4$$

$(4^2 = 16)$ und 0 anhängen $= 160$

$(3^2 = 9)$ und 0 anhängen $= 90$

$(1212) + (160) + (90) = 1462$

$$= 1\,4\,6\,2$$

Beispiel 2: 53 x 35

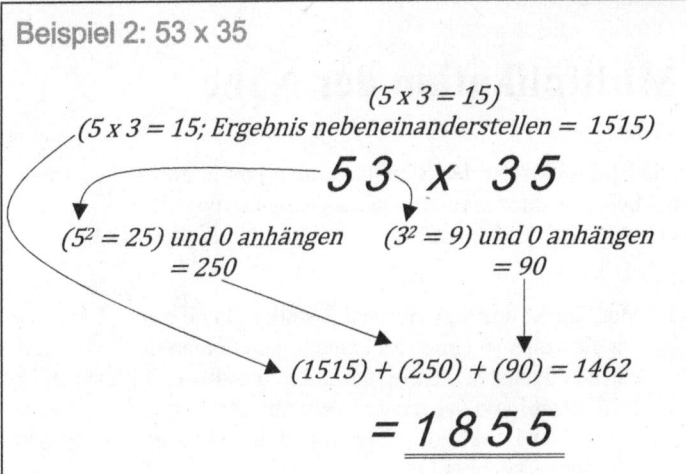

$(5 \times 3 = 15)$
$(5 \times 3 = 15;$ Ergebnis nebeneinanderstellen $= 1515)$

$5\,3 \times 3\,5$

$(5^2 = 25)$ und 0 anhängen
$= 250$

$(3^2 = 9)$ und 0 anhängen
$= 90$

$(1515) + (250) + (90) = 1462$

$= \underline{1\,8\,5\,5}$

Übung:

Zuerst Ergebnis im Kopf rechnen und dann hinschreiben. Beginne gleich mit den Hundertern bzw. Tausendern.

1a)	31	1b)	42	1c)	56	1d)	62
	x 13		x 24		x 65		x 26

2a)	74	2b)	78	2c)	63	2d)	12
	x 47		x 87		x 36		x 21

Lösung:

2a) 3478	2b) 6786	2c) 2268	2d) 252
1a) 403	1b) 1008	1c) 3640	1d) 1612

Multiplikation der Nähe

Wozu?

Die Multiplikation der Nähe kann man immer anwenden, wenn die beiden Faktoren relativ nahe beieinanderliegen.
Der Abstand der beiden Faktoren sollte aber kleiner als 20 sein.

Wie?

1. Man macht aus 2-stellig mal 2-stellig 1-stellig mal 2-stellig, um einfacher rechnen zu können, indem man die linke Zahl auf den nächsten Zehner auffüllt (Füllzahl) und gleichzeitig die Füllzahl von der rechten Zahl abzieht. Linke Zahl ohne 0 mit rechter Zahl multiplizieren und die 0 wieder dranhängen (Zwischenergebnis 1).
2. Rundungszahl links mal Rundungszahl rechts auf den nächsten gleichen Zehner (Zwischenergebnis 2).
3. Die beiden Zwischenergebnisse addieren. Fertig.

Diese Aufgaben können auch mit dem „Kreuzweise-Trick" (Seite 70) gelöst werden.

Beispiel 1: 39 x 43

Die 0, die man bei der linken Zahl weggelassen hat, einfach ans Ergebnis wieder anhängen ↓

aus 2-stellig mal 2-stellig

$$3\,9 \quad x \quad 4\,3$$
$$+1 \qquad\qquad -1$$
$$4\,0 \quad x \quad 4\,2$$

macht man 1-stellig mal 2-stellig

$$(4 \quad x \quad 4\,2) = 1680$$
(Zwischenergebnis 1)

Rundungszahlen auf jeweils 40

$$+\,1 \; mal - 3 \; = -3$$
(Zwischenergebnis 2)

$$1680 + (-3) = \underline{1677}$$

Beispiel 2: 59 x 57

aus 2-stellig mal 2-stellig

$$5\,9 \quad x \quad 5\,7$$
$$+1 \qquad\qquad -1$$

$$6\,0 \quad x \quad 5\,6$$

Die 0, die man bei der linken Zahl weggelassen hat, einfach ans Ergebnis wieder anhängen ↓

macht man 1-stellig mal 2-stellig

$$(6 \quad x \quad 5\,6) = 3360$$

(Zwischenergebnis 1)

Rundungszahlen auf jeweils 40

$$+1 \; mal + 3 \; = +3$$

(Zwischenergebnis 2)

$$3360 + 3 = \underline{3363}$$

Übung:

Zuerst Ergebnis im Kopf rechnen und dann hinschreiben. Beginne gleich mit den Hundertern bzw. Tausendern.

1a) 31	1b) 42	1c) 27	1d) 62
x 33	x 46	x 31	x 59

2a) 77	2b) 63	2c) 12	2d) 89
x 81	x 66	x 15	x 92

Lösung:

2d) 8188   2c) 180   2b) 4158   2a) 6237

1d) 3658   1c) 837   1b) 1932   1a) 1023

Quadratmethode

Wozu?

Multiplizieren von 2-stelligen Zahlen (der Abstand zum gemeinsamen Zehner ist gleich).

Wie?

Wenn mittig zwischen den Faktoren eine runde Zahl liegt, kann man diese Methode anwenden.

1. Der Abstand von Faktor 1 zum nächsthöheren Zehner muss gleich dem Abstand von Faktor 2 zum nächsttieferen Zehner sein. D. h.: Addiert man die Einer der beiden Faktoren, so muss immer als Summe 10 dabei herauskommen.
2. Zum gemeinsamen Zehner auf- bzw. abrunden.
3. Die Zehner der beiden Faktoren multiplizieren und zwei Nullen anhängen. Dann erhält man ein Zwischenergebnis.
4. Den Abstand mit sich selber multiplizieren und vom Zwischenergebnis abziehen.

Beispiel 1: 42 x 58

Beide Faktoren sind 8 Einer vom gleichen Zehner entfernt.

$$42 \quad x \quad 58$$

aufrunden   abrunden
(42 + 8 =)   (58 − 8 =)   *50 x 50 stellt ein*
                            Quadrat dar,

$$50 \quad x \quad 50 \quad = \qquad \text{\textit{deshalb}}$$

„Quadratmethode"

$$5 \quad x \quad 5 \quad = \quad 25(00)$$

$$2500 - (8 \times 8) = \quad \underline{2436}$$

*8 x 8 stellt noch
ein Quadrat dar*

Beispiel 2: 37 x 43

Beide Faktoren sind 8 Einer vom gleichen Zehner entfernt.

$$37 \quad x \quad 43$$

aufrunden   abrunden

$(37 + 3 =)$ $(43 - 3 =)$ *40 x 40 stellt ein*

Quadrat dar,

$$40 \quad x \quad 40 \quad = \qquad deshalb$$

„Quadratmethode"

$$4 \quad x \quad 4 \quad = \quad 16(00)$$

$$1600 - (3 \times 3) = \quad \underline{1591}$$

4 x 4 stellt noch
ein Quadrat dar

Übung:

Zuerst Ergebnis im Kopf rechnen und dann hinschreiben. Beginne gleich mit den Hundertern bzw. Tausendern.

So enden übrigens die letzten beiden Ziffern der Ergebnisse:

$100 - 1 \ (1^2)$	$= 99$		$100 - 36 \ (6^2)$	$= 64$
$100 - 4 \ (2^2)$	$= 96$		$100 - 49 \ (7^2)$	$= 51$
$100 - 9 \ (3^2)$	$= 91$		$100 - 64 \ (8^2)$	$= 36$
$100 - 16 \ (4^2)$	$= 84$		$100 - 81 \ (9^2)$	$= 19$
$100 - 25 \ (5^2)$	$= 75$			

1a) 31	1b) 54	1c) 27	1d) 62
x 29	x 46	x 33	x 58
2a) 77	2b) 63	2c) 17	2d) 89
x 83	x 57	x 23	x 91

Lösung: 2d) 8099   2c) 391   2b) 3591   2a) 6391

1d) 3596   1c) 891   1b) 2484   1a) 899

Was? Multiplizieren

Kreuzweise (2-stellig)

Wozu?

Multiplizieren von 2-stelligen Zahlen mit 2-stelligen Zahlen.

Wie?

1. Die Faktoren untereinanderschreiben.
2. Die Einer miteinander multiplizieren und drunterschreiben.
3. Über Kreuz multiplizieren: den Zehner des ersten Faktors mit dem Einer des zweiten Faktors plus den Einer des ersten Faktors mit dem Zehner des zweiten Faktors. Drunterschreiben.
4. Die Zehner miteinander malnehmen und drunterschreiben.

Beispiel ohne Übertrag: 21 x 13

Schritt 1: 1 x 3 = 3 Einer

Schritt 2: (2 x 3) + (1 x 1) = 7 Zehner

Schritt 3: 2 x 1 = 1 Hunderter

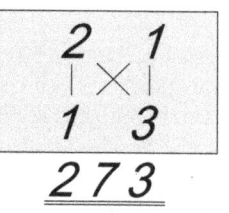

Beispiel mit einem Übertrag: 23 x 41

Schritt 1: 3 x 1 = 3 Einer

Schritt 2: (2 x 1) + (3 x 4) =
14 Zehner; 4 hinschreiben, 1 merken

Schritt: (die gemerkte 1) + 2 x 4
= 9 Hunderter

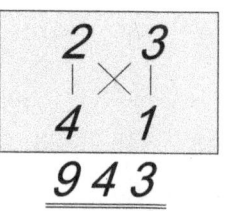

Man sollte sich angewöhnen, so zu sprechen, wie man später denkt: 3 x 1=3; 2 + 12=4; 1 + 8 =9

Beispiel mit zwei Überträgen: 35 x 73

Schritt 1: 5 x 3 = 15 Einer;
5 hinschreiben, 1 merken

Schritt 2: die gemerkte 1 +
(3 x 3) + (5 x 7) = 45 Zehner
5 hinschreiben, 4 merken,

Schritt: (die gemerkte 4) + 3 x 7
= 25 Hunderter

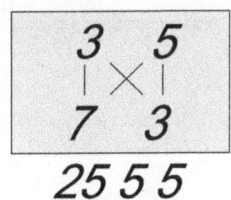

$$
\begin{array}{cc}
3 & 5 \\
\times & \\
7 & 3 \\
\end{array}
$$

$$\underline{25\ 5\ 5}$$

Damit man sich die Überträge nicht so lange merken muss,
stellt man sie immer an den Anfang des nächsten Schrittes.
Man spricht bzw. denkt:

„*5 x 3 = 5; 1 + 9 + 35 = 5; 4 + 21 = 25*"

Übertrag 1   Übertrag 2

Übung ohne Übertrag:

1a)	11	1b)	14	1c)	32	1d)	41
x	21	x	12	x	21	x	12

Übung mit Überträgen:

2a)	26	2b)	51	2c)	21	2d)	27
x	13	x	34	x	61	x	21

2e)	62	2f)	65	2g)	91	2h)	38
x	85	x	77	x	18	x	24

Lösung:

2h) 912   2g) 1638   2f) 5005   2e) 5270
2d) 567   2c) 1281   2b) 1734   2a) 338
1d) 492   1c) 672   1b) 168   1a) 231

Was? Multiplizieren

Kreuzweise (3-stellig)

Wozu?

Multiplizieren von 3-stelligen Zahlen mit 3-stelligen Zahlen.

Wie?

1. Beide Zahlen untereinanderschreiben. Ähnlich wie bei der 2-stelligen Variante wird auch hier über Kreuz multipliziert.
2. Einer (Zahl = Z) Z1 mal Einer Z2 = Einer des Ergebnisses.
3. Zehner Z1 x Einer Z2 + Einer Z1 x Zehner Z2 = Zehner des Ergebnisses.
4. Hunderter Z1 x Einer Z2 + Zehner Z1 x Zehner Z2 + Einer Z1 x Hunderter Z2 = Hunderter des Ergebnisses.
5. Hunderter Z1 x Zehner Z2 + Zehner Z2 x Hunderter Z1 = Tausender des Ergebnisses.
6. Hunderter Z1 x Hunderter Z2 = Zehntausender des Ergebnisses.
7. Überträge mitnehmen! Siehe Beispiel

Beispiel: 321 x 143

1. *Schritt:*
   Einer von Zahl 1 mal
   Einer von Zahl 2
   1 x 3 = 3 Einer

$$\begin{array}{ccc} 3 & 2 & 1 \\ 1 & 4 & 3 \end{array}$$

Ergebnis: _ _ _ _ 3

2. *Schritt:*
   Zehner von Zahl 1
   mal Einer von Zahl 2 plus
   Einer von Zahl 1 mal
   Zehner von Zahl 2
   (2 x 3) + (1 x 4) = 0 Zehner;
   1 Hunderter gemerkt

$$\begin{array}{ccc} 3 & 2 & 1 \\ 1 & 4 & 3 \end{array}$$

Ergebnis: _ _ _ 0 3

---

3. Schritt: *Hunderter von Zahl 1 mal Einer von Zahl 2 plus Zehner von Zahl 1 mal Zehner von Zahl 2 plus Einer von Zahl 1 mal Hunderter von Zahl 2*
1 gemerkt + (3 x 3) + (2 x 4) + (1 x 1) = 9 Hunderter; 1 Tausender gemerkt

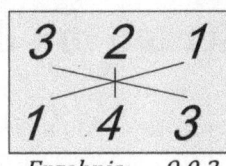

Ergebnis: _ _ 9 0 3

4. Schritt: *Hunderter von Zahl 1 mal Zehner von Zahl 2 plus Zehner von Zahl 1 mal Hunderter von Zahl 2*
1 gemerkt + (3 x 4) + (2 x 1) = 5; 1 Zehntausender gemerkt

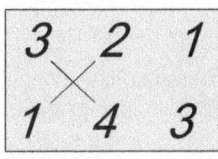

Ergebnis: _ 5 9 0 3

5. Schritt: *Hunderter von Zahl 1 mal Hunderter von Zahl 2*
1 gemerkt + (3 x 1) = 4 Zehntausender

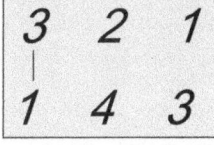

Ergebnis: **4 5. 9 0 3**

Übung:

1a)	235	1b)	355	1c)	137	1d)	932
x	291	x	152	x	221	x	221

2a)	432	2b)	205	2c)	730	2d)	192
x	285	x	942	x	401	x	361

Lösung: 2a) 123120 2b) 193110 2c) 292730 2d) 69312
1a) 68385 1b) 53960 1c) 30277 1d) 205972

Was? Multiplizieren

Merken mit den Händen

Wozu?

Da man beim Multiplizieren mit dem Kreuzweise-Trick das Ergebnis von rechts nach links ausrechnet, kann man die Einer und Zehner leicht vergessen, wenn man mit den Hundertern beginnt. Daher nimmt man die Hände zu Hilfe, um sich Zehner und Einer zu „merken".

Wie?

1. Entscheide, welche Hand die Einer und welche Hand die Zehner anzeigen soll.
2. Durch bestimmte Stellung der Finger werden die Ziffern 0 bis 9 angezeigt.

Beispiel: linke Hand = Zehner

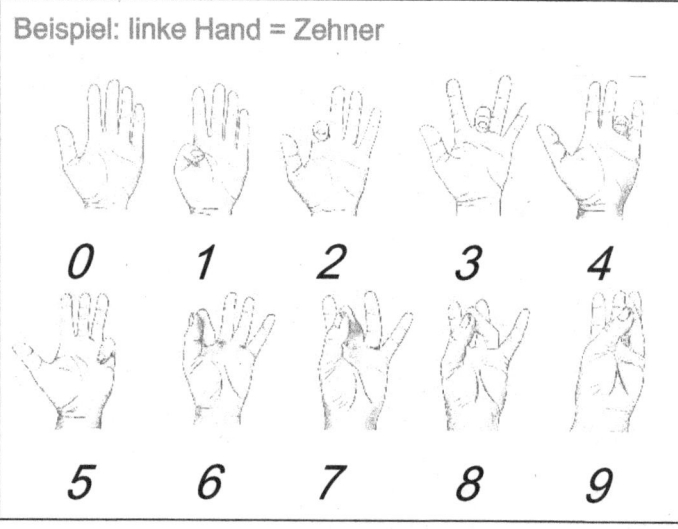

Beispiel: rechte Hand = Einer

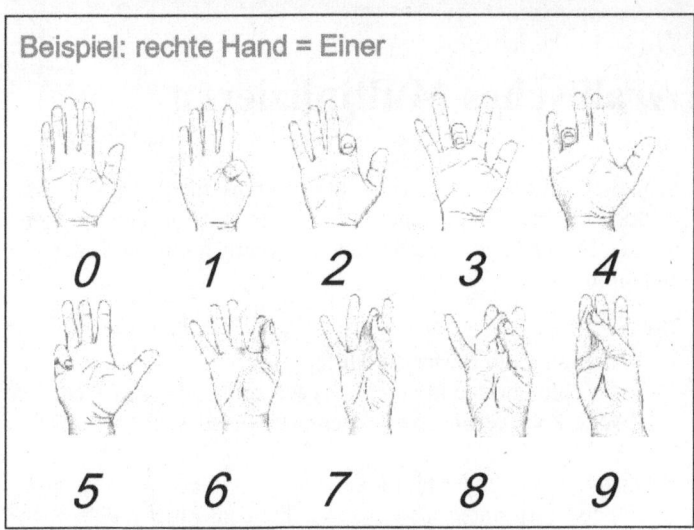

Beispiel: Zahl 16 und Zahl 29 mit

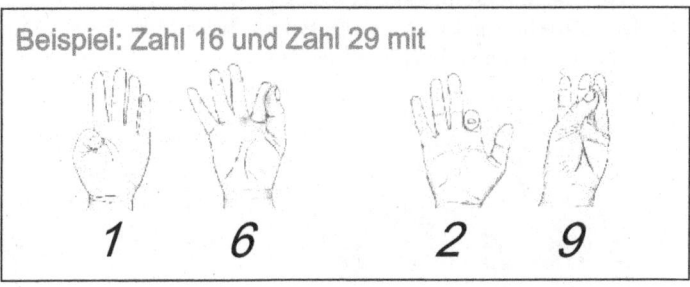

Übung:

Rechne kreuzweise und benutze die Hände, um Einer und Zehner zu merken. Ergebnis erst sagen, wenn alles ausgerechnet ist.

1a) 22	1b) 22	1c) 35	1d) 39
x 13	x 61	x 32	x 81

Lösung: 1a) 286   1b) 1342   1c) 1120   1d) 3159

Arabisches Multiplizieren

Wozu?

Schneller ist diese Art des Multiplizierens nicht. Fürs Kopfrechnen deshalb ungeeignet, weil man sich zu viel merken müsste. Dennoch eine interessante Alternative, um ans Ergebnis zu kommen.

Wie?

1. Man nimmt ein Raster zur Hilfe.
2. Erste Zahl horizontal von links nach rechts über das Raster.
3. Zweite Zahl vertikal von unten nach oben! Links vom Raster.
4. Ziffern miteinander multiplizieren.
5. Zehner links unten ins Dreieck schreiben, Einer rechts oben ins Dreieck schreiben (keine Zehner = 0).
6. Die Ziffern innerhalb des Streifens werden addiert. Die Einer beginnen rechts oben.

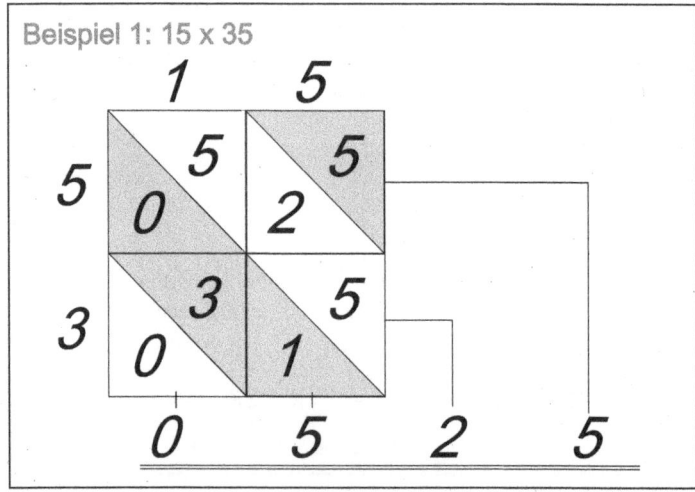

Beispiel 1: 15 x 35

Beispiel 2: 317 x 521

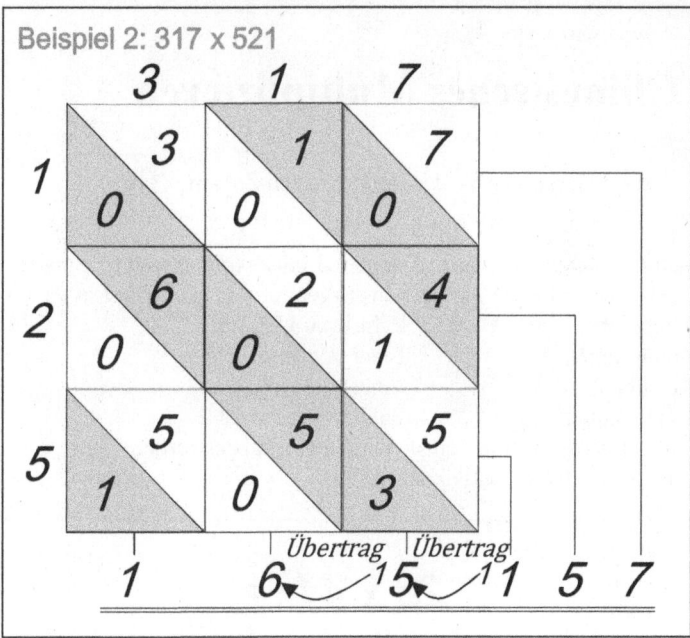

Für folgende Übung kann man die Kopiervorlage im Anhang Seite 166 verwenden.

Übung 2-stellig x 2-stellig:

1a)	55	1b)	33	1c)	68	1d)	52
	x 91		x 41		x 21		x 77

Übung 3-stellig x 3-stellig:

2a)	435	2b)	615	2c)	447	2d)	922
	x 592		x 457		x 116		x 649

Lösung: 2a) 257520 2b) 281055 2c) 51852 2d) 598378
1a) 5005 1b) 1353 1c) 1428 1d) 4004

77

Was? Multiplizieren

Chinesisches Multiplizieren

Wozu?

Multiplizieren von 1-, 2- und 3-stelligen Zahlen.

Wie?

Durch Zeichnen von diagonalen Linien können Schnittpunkte (SP) abgezählt werden, die das Ergebnis anzeigen. Die Linien:

links oben	=	Zehner von Faktor 1
recht unten	=	Einer von Faktor 1
rechts oben	=	Einer von Faktor 2
links unten	=	Zehner von Faktor 2

Die daraus eventuell entstehenden Überträge werden wie in der normalen Mathematik behandelt.

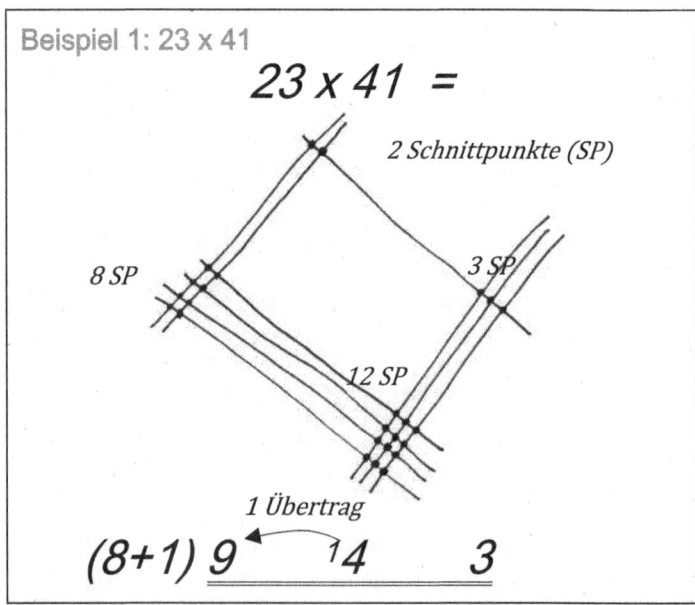

Beispiel 1: 23 x 41

$$23 \times 41 =$$

2 Schnittpunkte (SP)

8 SP

3 SP

12 SP

1 Übertrag

$(8+1)\ 9 \quad ^14 \quad\quad 3$

Beispiel 2:

Bei dreistelligen Zahlen sind die Zehner in der Mitte.

$$241 \times 42 =$$

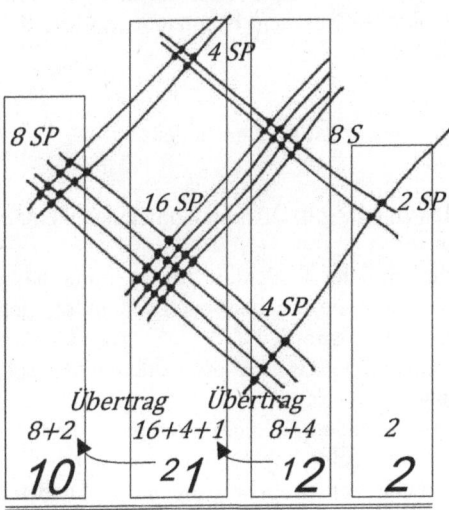

8+2	Übertrag 16+4+1	Übertrag 8+4	2
10	**2 1**	**1 2**	**2**

Übung:

1a)	22	1b)	23	1c)	13	1d)	44
	x 21		x 12		x 41		x 33

2a)	123	2b)	234	2c)	421	2d)	331
	x 321		x 133		x 231		x 221

Lösung: 2d) 73151 2c) 97251 2b) 31122 2a) 39483
1d) 1452 1c) 533 1b) 276 1a) 462

Russisches Multiplizieren

Diese Möglichkeit zu multiplizieren war in Deutschland bis ins Mittelalter üblich. In Russland benutzte man diese Art zu rechnen bis in die Neuzeit.

Wozu?

Multiplikation zweier natürlicher Zahlen.

Wie?

1. Die beiden zu multiplizierenden Zahlen nebeneinander-schreiben.
2. Auf der linken Seite werden die Zahlen immer halbiert (Reste abrunden) und die Ergebnisse untereinandergeschrieben, bis man auf die 1 kommt.
3. Auf der rechten Seite werden die Zahlen verdoppelt und untereinandergeschrieben.
4. Alle rechts stehenden Zahlen werden gestrichen, wenn die dazugehörende rechte Zahl gerade ist.
5. Wenn man alle rechten Zahlen, die übriggeblieben sind, zusammenzählt, erhält man das Produkt.

Beispiel 1: 27 x 82	*links*		*rechts*
Die Hälfte von 13 ist 6,5; nun noch abrunden, dann hat man 6; ebenso: Die Hälfte von 3 ist 1,5; ab- runden auf 1	*2 7*	*x*	*8 2*
	1 3		*164*
	6		~~*328*~~
	3		*656*
	1		*1312*
			2214

Beispiel 2: 124 x 120

	links		*rechts*
Ist die linke Zahl gerade, dann die rechts ste-hende Zahl streichen	~~124~~	x	~~120~~
	62		~~240~~
	31		480
	15		960
Auch hier: Die Hälfte immer abrunden	7		1920
	3		3840
	1		+ 7680
			14880

Übung:

1a)   23
  x   24

1b)   11
  x   45

1c)   55
  x   66

1d)   39
  x   64

2a)   122
  x   123

2b)   204
  x   207

2c)   652
  x   222

2d)   545
  x   499

Lösung:

2a) 15006   2b) 42228   2c) 144744   2d) 271955

1a) 552   1b) 495   1c) 3630   1d) 2496

Info:

Diese Methode hat den Vorteil, dass man im Prinzip nur halbieren, verdoppeln und addieren muss, das kleine Einmaleins wird nicht benötigt.

Was? Dividieren

Teilbarkeit 2-6 und 8-9

Wozu?

Hiermit kann man überprüfen, ob eine Zahl durch eine einstellige Zahl teilbar ist und dabei kein Rest übrig bleibt.

Wie?

1. Durch 2 = Endet die Zahl mit einer geraden Ziffer, kann man sie durch 2 teilen.
2. Durch 3 = Eine Zahl ist durch 3 teilbar, wenn die Quersumme durch 3 teilbar ist.
3. Durch 4 = Wenn die letzten zwei Stellen durch 4 teilbar sind, dann ist auch die ganze Zahl durch 4 teilbar.
4. Durch 5 = Endet die Zahl mit einer 0 oder einer 5, dann ist die Zahl glatt durch 5 teilbar.
5. Durch 6 = Ist eine Zahl gerade und durch 3 teilbar, kann man sie auch durch 6 teilen.
6. Durch 8 = Wenn die letzten 3 Stellen durch 8 teilbar sind, dann ist auch die ganze Zahl durch 8 teilbar. Wenn sie nicht durch 4 teilbar ist, dann ist sie auch nicht durch 8 teilbar (siehe oben).
7. Durch 9 = Eine Zahl ist durch 9 teilbar, wenn die Quersumme durch 9 teilbar ist.

Beispiel 1: durch 2

gerade Zahl

$$2642 : 2 = \underline{1321}$$

Beispiel 2: durch 3:

Quersumme (1+1+4 = 6); 6 kann man durch 3 teilen

$$114 : 3 = \underline{38}$$

Beispiel 3: durch 4

Die letzten beiden Ziffern (44) sind durch 4 teilbar

$$344 : 4 = \underline{86}$$

Beispiel 3: durch 5

Die letzte Ziffer ist 0 oder 5

$$355 : 5 = \underline{71}$$

Beispiel 4: durch 6

Quersumme (1+3+2 = 6); 6 kann man durch 3 teilen;
132 ist eine gerade Zahl

$$132 : 6 = \underline{22}$$

Beispiel 5: durch 8

Die letzten 3 Stellen (248) sind durch 8 teilbar

$$5248 : 8 = \underline{656}$$

Beispiel 5: durch 9

Quersumme (9+6+3 = 18); 18 kann man durch 9 teilen

$$963 : 9 = \underline{107}$$

Übung:

1a) 243 : ____   1b) 305 : ____   1c) 132 : ____

2a) 2223 : ____   2b) 5115 : ____   2c) 7263 : ____

3a) 9131: ____   3b) 1808 : ____   3c) 8701 : ____

Lösung:

1a) 3/6/9	1b) 5	1c) 2/3/6/4
2a) 3/9	2b) 3/6/5	2c) 3/9
3a) —	3b) 2/4/8	3c) —

Was? Dividieren

Teilbarkeit 7

Wozu?

Hiermit kann man überprüfen, ob eine Zahl glatt durch 7 teilbar ist.

Wie?

1. Man erhöht oder senkt die zu prüfende Zahl um eine Zahl aus dem 7er-Einmaleins.
2. Man wählt die Zahl aus dem 7er-Einmaleins immer so aus, dass eine Zahl entsteht, die auf 0 endet.
3. Wenn die verbleibende Zahl (ohne die letzte 0) eine Zahl aus dem 7er-Einmaleins ist, kann man durch 7 teilen.

Beispiel: 1722 durch 7

$$1722 : 7$$

$$+ \quad 28$$ 28 ist ein Vielfaches von 7

$$1750$$ 0 wegstreichen

$$175$$

$$- \quad 35$$ 35 ist ein Vielfaches von 7

$$140$$ 0 wegstreichen

$$14$$ 14 ist ein Vielfaches von 7

Da 14 durch 7 glatt teilbar ist, kann man 1722 durch 7 teilen

---

Überprüfe die Zahlen auf ihre Teilbarkeit durch 7

1a) 243   1b) 1234   1c) 2555 1d) 1322   1e) 1015

Lösung: 1a) ja   1b) nein   1c) ja   1d) nein   1e) ja

Was? Dividieren

Teilbarkeit 11

Wozu?

Hiermit kann man überprüfen, ob eine Zahl glatt durch 11 teilbar ist.

Wie?

1. Wenn man die Ziffern einer Zahl abwechselnd subtrahiert und addiert und das Ergebnis durch 11 teilbar oder 0 ist, dann ist die ganze Zahl glatt durch 11 teilen.
2. Achtung! Immer mit Minus beginnen.

Beispiel: 97119 durch 11

immer abwechselnd -/+/-/+...

$$9 - 7 + 1 - 1 + 9 = 11$$

Da 11 durch 11 glatt teilbar ist, kann man
97119 glatt durch 11 teilen

Beispiel: 1540 durch 11

immer abwechselnd -/+/-/+...

$$1 - 5 + 4 - 0 = 0$$

Da man als Ergebnis 0 bekommt, kann man
1540 glatt durch 11 teilen

Überprüfe die Zahlen auf ihre Teilbarkeit durch 11

1a) 913   1b) 7612   1c) 11023   1d) 13904   1e) 31219

Lösung: 1e) nein   1d) ja   1c) nein   1b) ja   1a) ja

Was? Dividieren

Teilbarkeit 7/11/13 märchenhaft

Wozu?

Hiermit kann man überprüfen, ob eine Zahl glatt durch 7, 11 oder 13 teilbar ist. Weil sich 1001-Nacht aus 7 x 11 x 13 ergibt, ist diese Überprüfung wirklich märchenhaft.

Wie?

1. Man denkt sich (oder schreibt) die linke Hälfte der Zahl unter die rechte Hälfte.
2. Von der rechten Hälfte die linke Hälfte abziehen.
3. Das Ergebnis aufspalten (durch 2; durch 10).
4. Wenn sich eine Zahl jetzt durch 7/11/13 teilen lässt, dann gilt das auch für die ganze Zahl.

Beispiel: 331.881 durch 7/11/13

$$331\ 881$$
$$-\ 331$$
$$550 = 55 \times 10$$

55 ist durch 11 teilbar.
Also ist auch die Zahl
331.881 durch 11 teilbar.

Beispiel: 31.421 durch 7/11/13

$$31\ 421$$
$$-\ 31$$
$$390 = 39 \times 10$$

39 ist durch 13 teilbar.
Also ist auch die Zahl
31.421 durch 13 teilbar.

Überprüfe die Zahlen auf ihre Teilbarkeit durch 7/11/13

1a) 160.602   1b) 126.456   1c) 3171   1d) 2352

Lösung: 1d) 7   1c) 7   1b) 11   1a) 13

Dividieren durch 3

Wozu?

Mit diesem Trick kann man jede Division durch 3 nach kurzer Zeit im Kopf lösen.

Wie?

1. Man schreibt die zu teilende Zahl (Dividend) auf.
2. Man teilt den Dividenden in Gruppen auf, die durch 3 teilbar sind.
3. Wenn die Quersumme der Ziffern in einer Gruppe durch 3 teilbar ist, dann ist auch die Zahl durch 3 teilbar. Z. B. 117 = 1 + 1 + 7 = 9; 9 ist durch 3 teilbar, also ist 117 auch durch 3 teilbar (39).
4. Nun teilt man die Gruppen von links nach rechts und fängt schon mal mit dem Aufsagen des Ergebnisses an.
5. Reste können leicht in „Kommazahlen" umgewandelt werden.

Beispiel 1: 2115 : 3

Gruppe 1	Gruppe 2

$$21 \mid 15 : 3 =$$
$$07 \mid 05 = \underline{705}$$

Beispiel 2: 611124 : 3

Gruppe 1	Gruppe 2	Gruppe 3

$$6 \mid 111 \mid 24 : 3 =$$
$$2 \mid 037 \mid 08 = \underline{203.708}$$

Beispiel 3 (mit Rest): 2116 : 3

Gruppe Gruppe
1   2

$$21 \mid 16 : 3 =$$

$$07 \mid 05 = 705 \; Rest \; 1$$

$$07 \mid 05 = 705 \; \frac{1}{3}$$

$$07 \mid 05 = \underline{705, \overline{3}}$$

Tipp:

Falls Reste bleiben sollten, sind diese immer Drittel, die man sich sehr leicht merken kann: $1/3 = 0{,}33333\ldots$ oder $0{,}\overline{3}$; $2/3 = 0{,}66666\ldots$ oder $0{,}\overline{6}$.

Übung mit 2 oder 3 Gruppen:

1a) 243 : 3 =   1b) 306 : 3 =   1c) 339 : 3 =

2a) 1518 : 3 =   2b) 2733 : 3 =   2c) 9663 : 3 =

3a) 15171 : 3 =   3b) 11721 : 3 =   3c) 11430 : 3 =

Übung mit 4 Gruppen:

4a) 151821117 : 3 =   4b) 111270330 : 3 =

Lösung:

1a) 81   1b) 102   1c) 113
2a) 506   2b) 911   2c) 3221
3a) 5057   3b) 3907   3c) 3810
4a) 50607039   4b) 37090110

Was? Dividieren

Dividieren durch 5

Wozu?

Mit diesem Trick kann man das Ergebnis einer Division durch 5 auf einfachste Weise im Kopf rechnen.

Wie?

1. Zuerst multipliziert man die zu teilende Zahl mit 2, oder man verdoppelt die Zahl (Zwischenergebnis 1).
2. Dann teilt man das Zwischenergebnis durch 10. Das Komma verschiebt sich nach links um eine Stelle, weil der Divisor (10) eine Null hat. Fertig!

Beispiel 1: 130 : 5

130 x 2 = 260 oder:

130 verdoppeln = 260

260,00 : 10 = 26,00

Das Komma, das auch nach der Null stehen könnte, verschiebt sich um eine Stelle nach links.

Übung:

1a) 544 : 5 =   1b) 145 : 5 =   1c) 670 : 5 =

1d) 2165 : 5 =   1e) 662 : 5 =   1f) 901 : 5 =

Lösung:

	1f) 180,2	
1c) 134	1e) 132,4	1d) 433
	1b) 29	1a) 108,8

Was? Dividieren

Dividieren durch 25

Wozu?

Mit diesem Trick kann man das Ergebnis einer Division durch 25 auf einfachste Weise im Kopf rechnen.

Wie?

1. Zuerst multipliziert man die zu teilende Zahl mit 4,
   oder man verdoppelt das Doppelte (Zwischenergebnis 1).
2. Dann teilt man das Zwischenergebnis durch 100.
   Das Komma verschiebt sich nach links um zwei Stellen,
   weil der Divisor (100) zwei Nullen hat. Fertig!

Beispiel 1: 410 : 25

410 x 4 = 1640 oder:

410 verdoppeln = 820

820 verdoppeln = 1640

1640,00 : 100 = 16,40

Das Komma, das auch nach der Null stehen könnte, verschiebt sich um zwei Stellen nach links.

Übung:

1a) 71 : 25 =   1b) 111 : 25 =   1c) 510 : 25 =

1d) 1105 : 25 =   1e) 331 : 25 =   1f) 962 : 25 =

Lösung: 1f) 38,48   1e) 13,24   1d) 44,2

1c) 20,4   1b) 4,44   1a) 2,84

Was? Dividieren

Dividieren durch 9 (Teil 1)

Wozu?

Mit dem folgenden Trick kann man das Ergebnis einer Division durch 9 (mit Rest) schnell im Kopf rechnen.

Wie?

Die zu teilende Zahl ist 2-stellig:
1. Der Zehner der Zahl ist Zwischenergebnis 1.
2. Die 1. Ziffer des Ergebnisses ist die Summe aus der 1. und 2. Ziffer der zu teilenden Zahl (Quersumme).
3. Dadurch ergibt sich ein Rest. Fertig, wenn der Rest kleiner als 9 ist.
4. Ist der Rest größer als 9, dann zieht man 9 (oder ein Mehrfaches von 9) vom Rest ab und addiert jeweils zum Zehner 1 dazu.

Beispiel 1 (zu teilende Zahl ist 2-stellig): 79 : 9

$$79 : 9 = 7 \text{ Rest } 7+9$$
$$79 : 9 = 7 \text{ Rest } 16$$
$$79 : 9 = 7+1 \text{ Rest } 16-9$$
$$79 : 9 = 8 \text{ Rest } 7$$

Wie?

Die zu teilende Zahl ist 3-stellig:
1. Der Hunderter der Zahl ist das Zwischenergebnis 1.
2. Die zweite Ziffer (Zehner) des Ergebnisses ist die Summe aus der ersten und zweiten Ziffer der zu teilenden Zahl (Quersumme).

3. Die dritte Ziffer (Einer) des Ergebnisses ist die Summe aus der ersten, der zweiten und der dritten Ziffer der zu teilenden Zahl (Quersumme).

4. Dadurch ergibt sich ein Rest. Fertig, wenn der Rest kleiner als 9 ist.

5. Ist der Rest größer als 9, dann zieht man 9 (oder ein Mehrfaches von 9) vom Rest ab und addiert jeweils zum Zehner/Hunderter 1 dazu.

Beispiel 2 (zu teilende Zahl ist 3-stellig): 136 : 9

$$136 \ : \ 9 = 1; \ 1+3 \ Rest \ 1+3+6$$
$$136 \ : \ 9 = 14 \qquad Rest \ 10$$
$$136 \ : \ 9 = 14+1 \quad Rest \ 10 \ -9$$
$$136 \ : \ 9 = 15 \qquad Rest \ 1$$

Tipp:

Wenn man das Ergebnis nicht mit Rest oder Bruch aufsagen möchte, kann man ganz einfach das dezimale Gegenstück benutzen: Rest $1 = 1/9 = 0,\overline{1}$; Rest $2 = 2/9 = 0,\overline{2}$;
Rest $3 = 3/9 = 0,\overline{3}$; Rest $4 = 4/9 = 0,\overline{4}$; Rest $5 = 5/9 = 0,\overline{5}$;
Rest $6 = 6/9 = 0,\overline{6}$; Rest $7 = 7/9 = 0,\overline{7}$; Rest $8 = 8/9 = 0,\overline{8}$;

Übung:

1a) 31 : 9 =   1b) 74 : 9 =   1c) 78 : 9 =

1d) 131 : 9 =   1e) 224 : 9 =   1f) 519 : 9 =

Lösung: 1a) $3,\overline{4}$ 1b) $8,\overline{2}$ 1c) $8,\overline{6}$ 1d) $14,\overline{5}$ 1e) $24,\overline{8}$ 1f) $57,\overline{6}$

Was? Dividieren

Dividieren durch 9 (Teil 2)

Wozu?

Um eine große Zahl durch 9 zu teilen, ist dieser Trick mit etwas Übung auch machbar.

Wie?

1. Man schreibt die Zahl (Dividenden) auf und trennt die letzte Ziffer mithilfe eines senkrechten Strichs ab. Was sich rechts neben dem Strich befindet, sind dann später die Reste.
2. Jetzt schreibt man die Zahl (Dividenden) unter die soeben aufgeschriebene Zahl mit dem Unterschied, dass sich die Zahl nach rechts um eine Stelle verschiebt. Rechts neben dem senkrechten Strich wird nur eine Stelle belegt. Das, was überhängt, fällt weg.
3. Das wiederholt man so lange, bis alle Zahlen nach rechts gerückt sind.
4. Am Ende addiert man die Zahlen jeweils links und rechts des senkrechten Strichs. Evtl. müssen Reste noch durch 9 geteilt werden und die Ganzen zur linken Zahl dazugezählt werden.

Beispiel 1: 1123 : 9

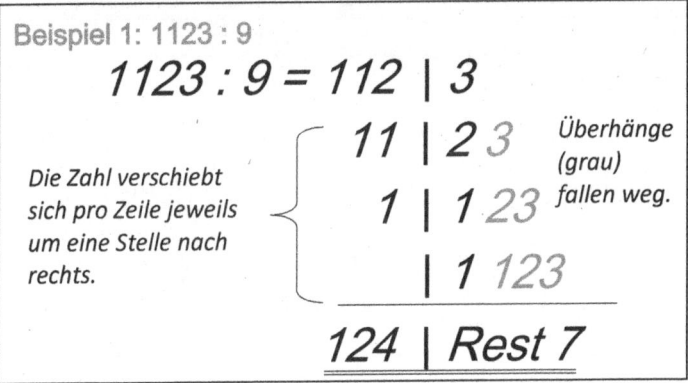

Die Zahl verschiebt sich pro Zeile jeweils um eine Stelle nach rechts.

$$1123 : 9 = 112 \mid 3$$
$$11 \mid 2\,3 \qquad \text{Überhänge (grau)}$$
$$1 \mid 1\,23 \qquad \text{fallen weg.}$$
$$\mid 1\,123$$
$$\underline{124 \mid \text{Rest } 7}$$

Tipp 1:

Damit man nicht zwei Rechnungen gleichzeitig im Kopf hat
(linke Seite und rechte Seite), kann man sich die Resterechnung
bis zum Schluss aufheben. Einfach nur die einzelnen Ziffern
addieren: 1+1+2+3 = 10.

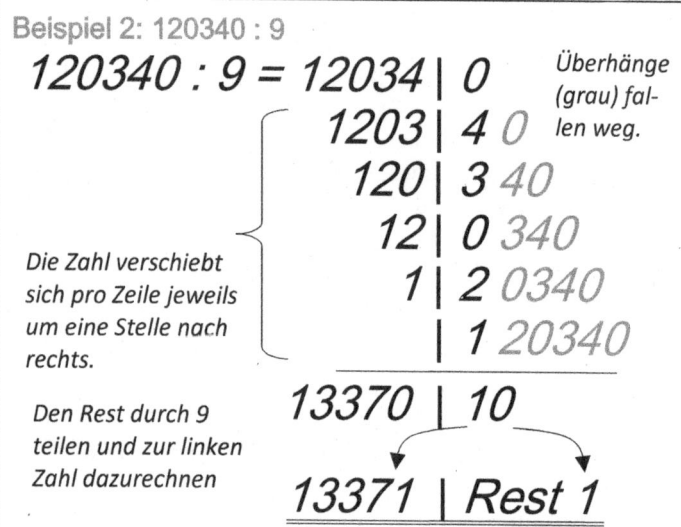

Beispiel 2: 120340 : 9

$$120340 : 9 = 12034 \mid 0$$

$$1203 \mid 4 \, 0$$

$$120 \mid 3 \, 40$$

$$12 \mid 0 \, 340$$

$$1 \mid 2 \, 0340$$

$$\mid 1 \, 20340$$

Überhänge (grau) fallen weg.

Die Zahl verschiebt sich pro Zeile jeweils um eine Stelle nach rechts.

$$13370 \mid 10$$

Den Rest durch 9 teilen und zur linken Zahl dazurechnen

$$13371 \mid Rest \; 1$$

Übung:

1a) 612 : 9 =   1b) 714 : 9 =   1c) 728 : 9 =

1d) 3060 : 9 =   1e) 4321 : 9 =   1f) 2011 : 9 =

Lösung: 1f) 223 Rest 4   1e) 480 Rest 1   1d) 340

          1c) 80 Rest 8   1b) 79 Rest 3   1a) 68

Dividieren durch 2 bis 9

Wozu?

Mit diesem Trick kann man jede Division durch 2 bis 9 nach kurzer Zeit im Kopf lösen.

Wie?

1. Man beginnt immer mit 10.
2. Vom Zehner ziehen wir jetzt den Divisor ab und erhalten somit den Multiplikator.
3. Den Dividenden mit einem Strich in zwei Teile teilen. Linker Teil = Ergebnis; Rechter Teil = Rest.
4. Wenn der rechte Teil (Rest) größer ist als der Divisor, dann teilt man den Rest durch den Divisor, schreibt dem linken Teil einen gut. Was dann übrig bleibt, ist der neue Rest.
5. Reste können leicht in „Kommazahlen" umgewandelt werden.

Beispiel 1 (ohne Übertrag): 11 : 6

	linker Teil	rechter Teil

Nächster Zehner zum Divisor 6 ist 10;
10 − 6 = 4; 4 ist der Multiplikator.

$$1 \mid 1 \quad : 6 =$$
$$4$$

4 x 1 (linker Teil) = 4; beide Ziffern im rechten Teil addieren, ergibt den Rest (5). Linker Teil ergibt die Ganzen des Ergebnisses.

$$1 \mid Rest\ 5 \quad \text{oder}$$
$$1 \mid 5/6 \quad \text{oder}$$
$$1,\ 8\overline{3}$$

Übung 2 (mit Übertrag): 27 : 7

	linker	rechter
	Teil	Teil

Nächster Zehner zum Divisor 7 ist 10;
10 – 7 = 3; 3 ist der Multiplikator.
3 x 2 (linker Teil) = 6; beide Ziffern im rechten Teil addieren, ergibt den Rest (13). Linker Teil ergibt die Ganzen des Ergebnisses.

$$2 \mid 7 : 7 =$$
$$6$$

$$2 \mid Rest\ 13 \quad oder$$

13 : 7 = 1 Rest 6

$$3 \mid 6/7 \quad oder$$

$$3,\ \overline{857142}$$

Bleiben am Ende Reste, kann man diese leicht in eine „Kommazahl" umwandeln (siehe auch Seite 101 „Brüche umwandeln").

Tipp:

Hinter den Siebteln verbirgt sich immer die gleiche periodische Zahlenreihe, fängt aber immer mit einer anderen Ziffer an (nächsthöhere): 142857.

Übung:

1a) 23 : 8 =   1b) 11 : 6 =   1c) 43 : 9 =

1d) 33 : 8 =   1e) 36 : 7 =   1f) 58 : 8 =

Lösung:

1a) 2 Rest 8   1b) 1 Rest 8   1c) 4 Rest 7   1d) 4 Rest 1   1e) 5 Rest 1   1f) 7 Rest 2

Dividieren durch 11

Wozu?

Mit diesem Trick kann man jede Division durch 11 nach kurzer Zeit im Kopf lösen.

Wie?

1. Man schreibt die zu teilende Zahl (Dividend) auf.
2. Dann schreibt man die erste Ziffer unter die zweite Ziffer.
3. Die beiden Ziffern voneinander abziehen und das Ergebnis unter die dritte Ziffer schreiben usw. Fertig!
4. Wenn man eine größere von einer kleineren Zahl abziehen muss, dann „leiht" man sich einen von unten und schreibt ihn oben an. Somit verringert sich die Zahl unten um 1, während man oben einen 1er links danebenschreibt (siehe Beispiel 2).
5. Reste können leicht in „Kommazahlen" umgewandelt werden.

Beispiel 1: 78551 : 11

Ziffer 1	Ziffer 2	Ziffer 3	Ziffer 4	Ziffer 5
7	8	5	5	1 : 11 =
	-	-	-	-
	7 =	1 =	4 =	1

Beispiel 2: 52921 : 11

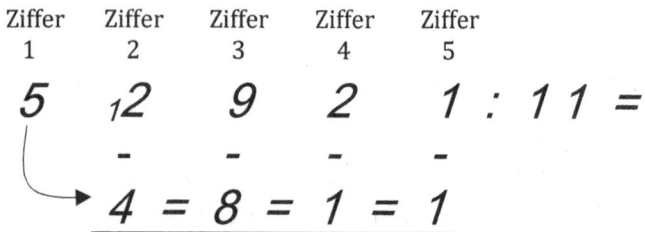

| Ziffer 1 | Ziffer 2 | Ziffer 3 | Ziffer 4 | Ziffer 5 |

$$5 \quad {}_1 2 \quad 9 \quad 2 \quad 1 : 11 =$$

$$4 = 8 = 1 = 1$$

Da man von 2 schlecht 5 abziehen kann, leiht man sich einen Tausender von unten, setzt ihn oben zur Ziffer 2 und zieht ihn unten von der 5 ab.

Tipp:

Falls Reste bleiben sollten, sind diese immer Elftel, hinter denen sich das 9er-Einmaleins verbirgt, z. B. $3/11 = (3$ mal $9 = 27)$, also 0,27; $6/11 = (6$ mal $9 = 54)$, also 0,54. Die zwei Stellen nach dem Komma sind periodisch, d. h., sie wiederholen sich immer wieder. Also: $0,\overline{27} = 0,27272727\ldots$

Übung:

1a) 56287 : 11 =   1b) 341 : 11 =   1c) 8261 : 11 =

2a) 1518 : 11 =   2b) 4533 : 11 =   2c) 8708 : 11 =

Lösung:

2c) 791 Rest 7 oder 791,636363.....

2a) 138   2b) 412 Rest 1 oder 412,090909.....

1a) 5117   1b) 31   1c) 751

Brüche addieren/subtrahieren

Wozu?

Mit diesem einfachen Trick lassen sich Brüche sehr schnell im Kopf addieren und subtrahieren.

Zur Erinnerung der offizielle Rechenweg aus der Schule:

Zuerst bringt man die Brüche auf einen gleichen Nenner. Das erreicht man, indem der erste Bruch mit dem Nenner des zweiten Bruches und der zweite Bruch mit dem Nenner des ersten erweitert wird.

$$\frac{2}{3} + \frac{1}{5} = \frac{2x5}{3x5} + \frac{1x3}{5x3} = \frac{10}{15} + \frac{3}{15} = \frac{13}{15}$$

Fürs Kopfrechnen ist die folgende Methode meist etwas einfacher:

Wie?

1. Zähler von Bruch 1 multipliziert mit Nenner von Bruch 2.
2. Zähler von Bruch 2 multipliziert mit Nenner von Bruch 1.
3. Beide Ergebnisse addieren, dann hat man den Zähler vom Ergebnis (Zähler 1 mal Nenner 2 plus [oder minus] Zähler 2 mal Nenner 1).
4. Nenner ist Nenner von Bruch 1 multipliziert mit Nenner von Bruch 2.

Beispiel 1: Addition

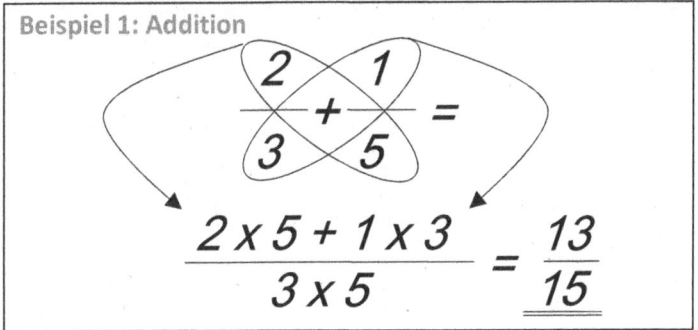

99

Beispiel 1: Subtraktion

$$\frac{6}{7} - \frac{2}{3} =$$

$$\frac{6 \times 3 - 2 \times 7}{7 \times 3} = \frac{4}{21}$$

Tipp:

Denkt man an „Zähne", kann man Zähler und Nenner nicht verwechseln:

$$\frac{Zähler \quad oben}{Nenner \quad unten}$$

Übung Addition:

1a) $\frac{1}{2} + \frac{2}{3}$ 1b) $\frac{2}{3} + \frac{4}{5} =$ 1c) $\frac{6}{7} + \frac{2}{9} =$ 1d) $\frac{1}{2} + \frac{4}{5} =$

Übung Subtraktion:

2a) $\frac{8}{9} \quad \frac{1}{2} =$ 2b) $\frac{6}{9} \quad \frac{1}{3} =$ 2c) $\frac{11}{7} \quad \frac{3}{9} =$ 2d) $\frac{10}{8} \quad \frac{7}{6} =$

Lösung:

2d) 4/48   2c) 78/63   2b) 9/27   2a) 7/18

1d) 13/10   1c) 68/63   1b) 22/15   1a) 7/6

Was? Brüche

Brüche verwandeln

Wozu?

Häufige Brüche mit einstelligem Nenner in eine Dezimalzahl umwandeln.

Wie?

Auswendig lernen

Beispiele:

Halbe: *Drittel:*

$$\frac{1}{2} = 0,5 \qquad \frac{1}{3} = 0,\overline{3} \qquad \frac{2}{3} = 0,\overline{6}$$

Viertel:

$$\frac{1}{4} = 0,25 \qquad \frac{2}{4} = 0,5 \qquad \frac{3}{4} = 0,75$$

Fünftel:

$$\frac{1}{5} = 0,2 \qquad \frac{2}{5} = 0,4$$

$$\frac{3}{5} = 0,6 \qquad \frac{4}{5} = 0,8$$

Sechstel:

$$\frac{1}{6} = 0,1\overline{6} \qquad \frac{2}{6} = \frac{1}{3} = 0,\overline{3} \qquad \frac{3}{6} = \frac{3}{6} = 0,5$$

$$\frac{4}{6} = 0,\overline{6} \qquad \frac{5}{6} = 0,8\overline{3}$$

Siebtel:

Wenn man sich Folgendes merkt, kann man $\frac{1}{7}$ bis $\frac{6}{7}$ einfach umwandeln:

Doppelte von 7 ist 14; Doppelte von 14 ist 28; Doppelte von 28 ist 56 (+1)

$\frac{1}{7}=$	*0,*	*1*	*4*	*2*	*8*	*5*	*7*	...			
$\frac{2}{7}=$	*0,*		*2*	*8*	*5*	*7*	*1*	*4*	...		
$\frac{3}{7}=$	*0,*		*4*	*2*	*8*	*5*	*7*	*1*	...		
$\frac{4}{7}=$	*0,*				*5*	*7*	*1*	*4*	*2*	*8*	...
$\frac{5}{7}=$	*0,*					*7*	*1*	*4*	*2*	*8*	*5*
$\frac{6}{7}=$	*0,*				*8*	*5*	*7*	*1*	*4*	*2*	...

Es handelt sich immer um die gleiche periodische Zahlenreihe, die jeweils mit der gleichen oder nächsthöheren Zahl beginnt als der Zähler.

Achtel:

$$\frac{1}{8} = 0{,}125 \qquad \frac{2}{8} = \frac{1}{4} = 0{,}25 \qquad \frac{3}{8} = 0{,}375$$

$$\frac{4}{8} = \frac{1}{2} = 0{,}5 \qquad \frac{5}{8} = 0{,}625 \qquad \frac{6}{8} = \frac{3}{4} = 0{,}75$$

$$\frac{7}{8} = 0{,}825$$

Neuntel:
Hinter den Neunteln verbirgt sich das „1 x 1".

$$\frac{1}{9} = 0{,}\overline{1} \qquad \frac{2}{9} = 0{,}\overline{2} \qquad \frac{3}{9} = 0{,}\overline{3} \qquad \frac{4}{9} = 0{,}\overline{4}$$

$$\frac{5}{9} = 0{,}\overline{5} \qquad \frac{6}{9} = 0{,}\overline{6} \qquad \frac{7}{9} = 0{,}\overline{7} \qquad \frac{8}{9} = 0{,}\overline{8}$$

Zehntel:
Hinter den Zehnteln verbirgt sich das „1 x 1".

$$\frac{1}{10} = 0,1 \qquad \frac{2}{10} = 0,2 \qquad \frac{3}{10} = 0,3 \qquad \text{usw.}$$

Elftel:
Hinter den Elfteln verbirgt sich das „1 x 9"

$$\frac{1}{11} = 0,\overline{09} \qquad \frac{2}{11} = 0,\overline{18} \qquad \frac{3}{11} = 0,\overline{27} \qquad \frac{4}{11} = 0,\overline{36}$$

$$\frac{5}{11} = 0,\overline{45} \qquad \frac{6}{11} = 0,\overline{54} \qquad \frac{7}{11} = 0,\overline{63} \qquad \frac{8}{11} = 0,\overline{72}$$

$$\frac{9}{11} = 0,\overline{81} \qquad \frac{10}{11} = 0,\overline{90}$$

Neunzehntel:
Wieder mal ein Trick aus der vedischen Mathematik:

„1 mehr als die Vorletzte" = statt mit $\frac{1}{19}$ rechnet man mit $\frac{1}{20}$

$$1:2(19)=0, \quad {}^{1}0 \quad 5 \quad {}^{1}2 \quad 6 \quad 3 \quad {}^{1}1 \quad {}^{1}5 \quad {}^{1}7 \quad usw.$$

2 ist Divisor

20 : 2 = 10

10 : 2 = 5

5 : 2 = 2 Rest 1

12 : 2 = 6

6 : 2 = 3

3 : 2 = 1 Rest 1

11 : 2 = 5 Rest

15 : 2 = 7 Rest

17 : 2 = 8 Rest

Geht auch mit $\frac{1}{39}$. Dann ist der Divisor 4. Also 0,025. 25 : 4 = 6 Rest 1 usw. Bei $\frac{1}{49}$ geht's auch. Dann ist der Divisor 5. 0,020. 20 : 5 usw.

Quadrieren à la Trachtenberg

Benannt nach dem ukrainischen Ingenieur (1888–1953) und Erfinder der Trachtenberg-Schnellrechenmethode.

Wozu?

Quadrieren von zweistelligen Zahlen. Geht auch mit dem Kreuzweise-Trick (siehe Seite 70).

Wie?

Ohne Übertrag:
1. Die beiden Faktoren untereinanderschreiben oder -denken.
2. Die Einer miteinander multiplizieren (= Einer des Ergebnisses).
3. Den Zehner mit dem Einer multiplizieren und verdoppeln (= Zehner des Ergebnisses).
4. Die Zehner miteinander multiplizieren (= Hunderter des Ergebnisses).

Mit Übertrag:
1. Die beiden Faktoren untereinanderschreiben oder -denken.
2. Die Einer miteinander multiplizieren
   (= Einer des Ergebnisses).
3. Den Zehner mit dem Einer multiplizieren und verdoppeln
   (= Zehner des Ergebnisses).
4. Die Zehner miteinander multiplizieren
   (= Hunderter des Ergebnisses).

Beispiel ohne Übertrag: 13^2

(1 x 1 = 1 Hunderter) ———— *(3 x 3 = 9 Einer)*

$$\begin{array}{cc} 1 & 3 \\ \end{array}$$

$$X \quad \begin{array}{cc} 1 & 3 \\ \end{array}$$

(1 x 3 = 3 verdoppelt = 6 Zehner)

$$1\,6\,9$$

Beispiel mit Übertrag: 34^2

(3 x 3 = 9 Hunderter; plus die gemerkte 2 = 11) ———— *(4 x 4 = 16; also 6 Einer, 1 gemerkt)*

$$\begin{array}{cc} 3 & 4 \\ \end{array}$$

$$X \quad \begin{array}{cc} 3 & 4 \\ \end{array}$$

(3 x 4 = 12 verdoppelt = 24; 4 + die gemerkte 1 = 5 Zehner, 2 gemerkt)

$$1\,1\,5\,6$$

Übung ohne Übertrag:

1a) 11^2 1b) 12^2 1c) 21^2 1d) 31^2

Übung mit Übertrag:

2a) 42^2 2b) 33^2 2c) 35^2 2d) 56^2

Lösung: 2d) 3136   2c) 1225   2b) 1089   2a) 1764
1d) 961   1c) 441   1b) 144   1a) 121

Was? Quadrieren

Quadrieren knapp über 100

Wozu?

Damit kann man Zahlen knapp über 100 ganz einfach quadrieren.

Wie?

1. Man sucht den nächstliegenden Hunderter zur Ursprungszahl.
2. Die Differenz zur Ursprungszahl dazuzählen (linker Teil des Ergebnisses).
3. Die Differenzzahl zum Quadrat nehmen (rechter Teil des Ergebnisses).

Beispiel: 101^2

101   (Ursprungszahl)

100   (nächstliegender Hunderter)

1   (1 ist die Differenz zur Ursprungszahl)

102   (1 auf die Ursprungszahl addieren)

1^2   (1 quadrieren)

102 *01* $101^2 = \underline{10201}$

Erster Teil *Zweiter Teil*

(Da der nächstliegende Hunderter zwei 0-Stellen hat, müssen im zweiten Teil auch 2 Stellen sein.)

Beispiel mit Übertrag: 112^2

112   (Ursprungszahl)

100   (nächstliegender Hunderter)

12   (1 ist die Differenz zur Ursprungszahl)

124   (1 auf die Ursprungszahl addieren)

12^2   (1 quadrieren)

124   144 $112^2 = \underline{12544}$

Erster Teil   Zweiter Teil
(Da der nächstliegende Hunderter zwei 0-
Stellen hat, müssen im zweiten Teil auch 2 Stellen sein; falls es 3 Stellen sind, wird der Hunderter noch zum ersten Teil dazugezählt.)

Übung:

1a) 102^2 1b) 103^2 1c) 104^2 1d) 105^2

1e) 106^2 1f) 107^2 1g) 108^2 1h) 109^2

Übung mit Übertrag:

2a) 110^2 2b) 111^2 2c) 113^2 2d) 115^2

Lösung:

2d) 13225	2c) 12769	2b) 12321	2a) 12100
1h) 11881	1g) 11664	1f) 11449	1e) 11236
1d) 11025	1c) 10816	1b) 10609	1a) 10404

Was? Quadrieren

Quadrieren knapp unter 1000

Wozu?

Damit kann man Zahlen knapp unter 1000 ganz einfach quadrieren.

Wie?

1. Man sucht den nächstliegenden Tausender.
2. Die Differenz zur Ursprungszahl abziehen (linker Teil des Ergebnisses).
3. Die Differenzzahl zum Quadrat nehmen (rechter Teil des Ergebnisses).

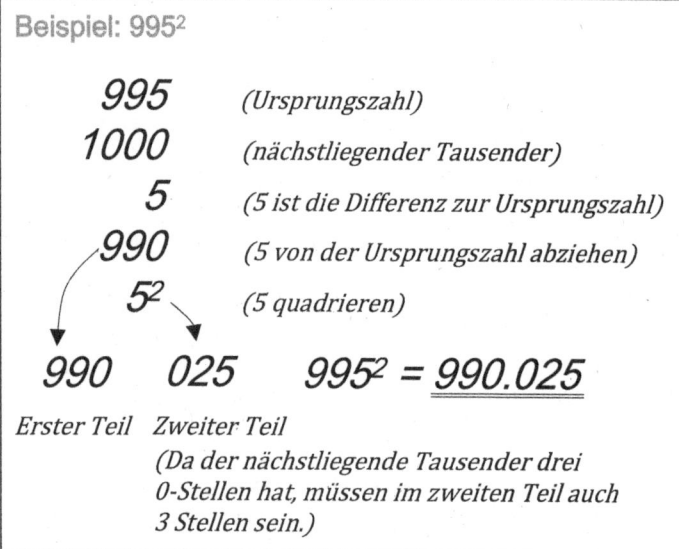

Beispiel: 995^2

995	*(Ursprungszahl)*
1000	*(nächstliegender Tausender)*
5	*(5 ist die Differenz zur Ursprungszahl)*
990	*(5 von der Ursprungszahl abziehen)*
5²	*(5 quadrieren)*

990 025 $995^2 = \underline{990.025}$

Erster Teil Zweiter Teil
(Da der nächstliegende Tausender drei 0-Stellen hat, müssen im zweiten Teil auch 3 Stellen sein.)

Beispiel mit Übertrag: 960^2

960 *(Ursprungszahl)*

1000 *(nächstliegender Tausender)*

40 *(40 ist die Differenz zur Ursprungszahl)*

920 *(40 von der Ursprungszahl abziehen)*

40^2 *(1 quadrieren)*

920 1600 $960^2 = \underline{921.600}$

Erster Teil   Zweiter Teil
(Da der nächstliegende Tausender drei
0-Stellen hat, müssen im zweiten Teil auch
3 Stellen sein; falls es 4 Stellen sind, wird der
Tausender noch zum ersten Teil dazugezählt.)

Übung:

1a) 999^2 1b) 998^2 1c) 997^2 1d) 996^2

1e) 994^2 1f) 989^2 1g) 988^2 1h) 987^2

Übung mit Übertrag:

2a) 950^2 2b) 930^2 2c) 940^2

Lösung:

2c) 883600   2b) 864900   2a) 902500

1f) 978121   1g) 976144   1h) 974169   1e) 988036

1c) 994009   1d) 992016   1b) 996004   1a) 998001

Was? Quadrieren

Quadrieren allgemein

Wozu?

Quadrieren von zweistelligen Zahlen.
Geht auch mit dem Kreuzweise-Trick (siehe Seite 70)

Wie?

1. Einen der beiden Faktoren auf den nächsten Zehner abrunden.
2. Die Einer, die man abgezogen hat, auf den Faktor draufaddieren.
3. Aus 2-stellig mal 2-stellig wird nun 2-stellig mal 1-stellig (die Null wird am Ergebnis nur noch hingehängt).
4. Den Einer quadrieren und dann noch aufs Ergebnis draufaddieren.
5. Genauso geht es auch mit aufrunden (siehe Beispiel 3).

Beispiel 1: 21^2

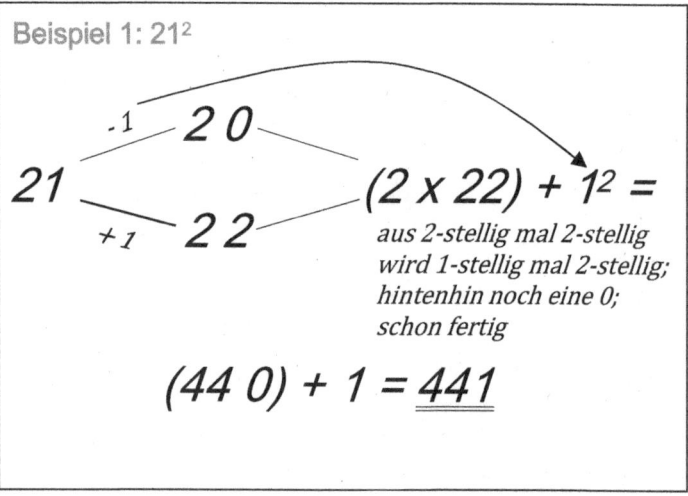

21 — 20 (-1) / 22 (+1)

$(2 \times 22) + 1^2 =$

aus 2-stellig mal 2-stellig wird 1-stellig mal 2-stellig; hintenhin noch eine 0; schon fertig

$(44\ 0) + 1 = \underline{441}$

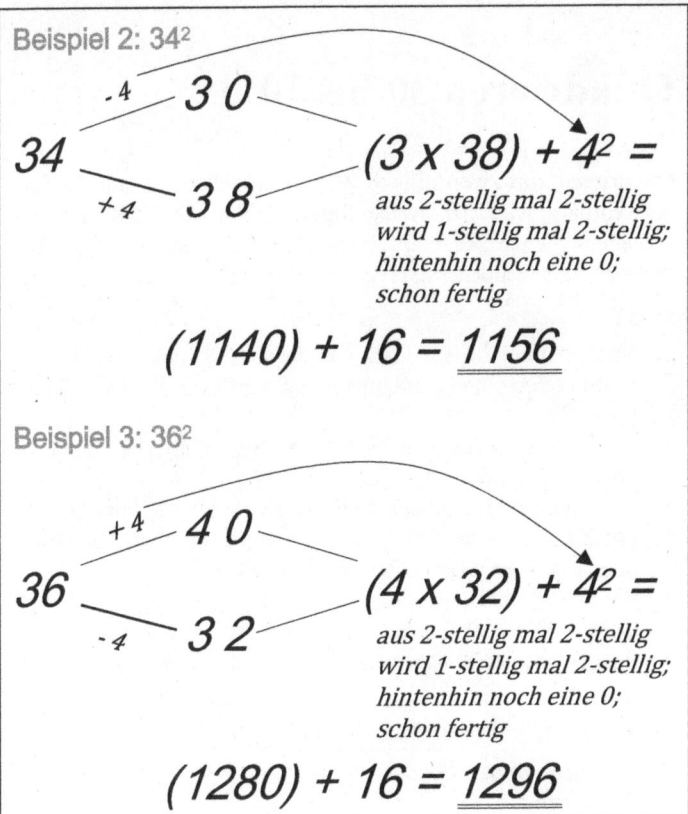

Beispiel 2: 34^2

34

-4 → 3 0

+4 → 3 8

$(3 \times 38) + 4^2 =$

aus 2-stellig mal 2-stellig
wird 1-stellig mal 2-stellig;
hintenhin noch eine 0;
schon fertig

$(1140) + 16 = \underline{1156}$

Beispiel 3: 36^2

36

+4 → 4 0

-4 → 3 2

$(4 \times 32) + 4^2 =$

aus 2-stellig mal 2-stellig
wird 1-stellig mal 2-stellig;
hintenhin noch eine 0;
schon fertig

$(1280) + 16 = \underline{1296}$

Übung ohne Übertrag:

1a) 11^2 1b) 12^2 1c) 13^2 1d) 31^2

Übung mit Übertrag:

2a) 42^2 2b) 33^2 2c) 35^2 2d) 56^2

Lösung: 2d) 3136   2c) 1225   2b) 1089   2a) 1764
         1d) 961   1c) 169   1b) 144   1a) 121

Quadrieren 30 bis 70

Wozu?

Quadrieren von zweistelligen Zahlen zwischen 30 und 70. Die Anwendung wird bei zweistelligen Zahlen im Zahlenbereich zwischen 30 und 70 empfohlen. Der Trick ist aber auch bei mehrstelligen Zahlen entsprechend anwendbar.

Wie?

1. Man geht bei diesem Trick von der Zahl 25 aus.
2. Dann rechnet man den Unterschied der Basis Zahl zu 50 aus (50-/+?).
3. Wenn über 50, dann zu 25 addieren, wenn unter 50, dann von 25 abziehen.
4. Jetzt noch zwei Nullen anhängen (Zwischenergebnis 1).
5. Die Zahl, die man zur 25 addiert oder davon abgezogen hat, noch quadrieren (Zwischenergebnis 2).
6. Beide Zwischenergebnisse zusammenzählen. Fertig.
7. Geht auch mit dem Kreuzweise-Trick (siehe Seite 70) oder dem „Quadrieren allgemein"-Trick (siehe Seite 110)

Beispiel 1 (Basis größer als 50): 58^2

Auf 50 muss man 8 dazurechnen, um auf 58 zu kommen, darum muss man die 8 jetzt zur 25 addieren.

$$58^2$$

$$(25 + 8) \times 100 = 3300 \text{ (Zwischenergebnis 1)}$$

$$8^2 = 64 \quad \text{(Zwischenergebnis 2)}$$

$$3300 + 64 = \underline{3364}$$

Beispiel 2 (Basis kleiner als 50): 47^2

Von 50 muss man 3 abziehen, um auf 47 zu kommen, darum muss man die 3 jetzt von der 25 abziehen.

$$47^2$$

$$(25 - 3) \times 100 = 2200 \text{ (Zwischenergebnis 1)}$$

$$3^2 = 9 \qquad \text{(Zwischenergebnis 2)}$$

$$2200 + 9 = \underline{2209}$$

Übung (Basis größer als 50):

1a) 51^2 1b) 62^2 1c) 65^2 1d) 59^2

Übung (Basis kleiner als 50):

2a) 42^2 2b) 43^2 2c) 35^2 2d) 39^2

Lösung:

2a) 1764	2b) 1849	2c) 1225	2d) 1521
1a) 2601	1b) 3844	1c) 4225	1d) 3481

Was? Quadrieren

Quadrieren Typ Endziffer 5/50

Wozu?

Quadrieren von zweistelligen Zahlen, die als Endziffer eine 5 haben. Quadrieren von dreistelligen Zahlen, die als Endziffern 50 haben.

Wie?

Typ Endziffer 5
1. Die erste Ziffer der Zahl (Zehner) wird mit der nächsthöheren multipliziert und an den Anfang gesetzt (= linker Teil des Ergebnisses).
2. Wenn zweistellige Zahlen, die als Endziffer eine 5 haben, quadriert werden, dann hat das Ergebnis immer am Ende 25 (= rechter Teil des Ergebnisses).

Diesen Typus an Aufgabe kann man auch mit dem Kreuzweise-Trick (Seite 70) oder dem Ergänzungstrick lösen (Seite 58)

Wie?

Typ Endziffern 50
1. Die erste Ziffer der Zahl (Hunderter) wird mit der nächsthöheren multipliziert.
2. Wenn dreistellige Zahlen, die als Endziffern 50 haben, quadriert werden, dann sind die letzten vier Stellen des Ergebnisses immer 2500.

Vorteil: Man kann die Zahl gleich aufsagen, weil man von links nach rechts rechnet.

Beispiel Typ Endziffer 5: 25^2

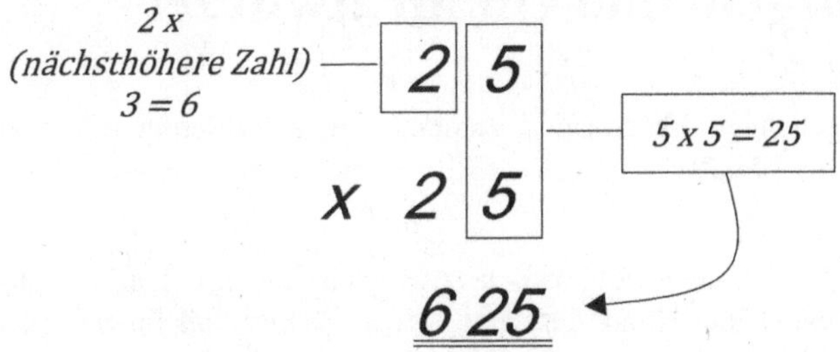

$2x$
(nächsthöhere Zahl)
$3 = 6$

2	5
x 2	5

$5 \times 5 = 25$

_6 25_

Beispiel Typ Endziffern 50: 350^2

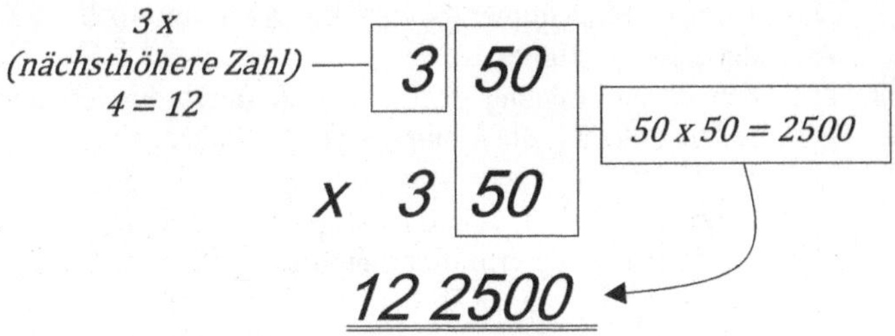

$3x$
(nächsthöhere Zahl)
$4 = 12$

3	50
x 3	50

$50 \times 50 = 2500$

_12 2500_

Übung:

1a) 35^2 1b) 45^2 1c) 65^2 1d) 75^2

2a) 650^2 2b) 750^2 2c) 850^2 2d) 150^2

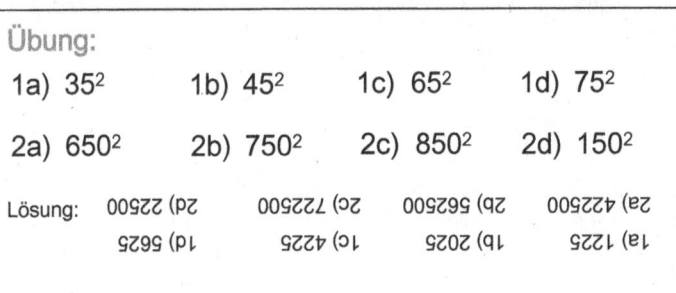

Lösung: 2a) 422500   2b) 562500   2c) 722500   2d) 22500

1a) 1225   1b) 2025   1c) 4225   1d) 5625

Was? Wurzel ziehen

Aufgehende Quadratwurzel

Wozu?

Aufgehende Wurzeln ziehen im Zahlenraum von 100 bis 10 000.

Wie?

1. Die Aufgabenzahl wird in zwei Teile zerlegt: Teil 1 (Tausender und Hunderter) und Teil 2 (Zehner und Einer). Z.B. 1764 in 17 und 64 oder 2304 in 23 und 04. Wenn die Aufgabenzahl 3-stellig ist, in Teil 1 (Hunderter) und Teil 2 (Zehner und Einer). Also z.B.: 121 in 1 und 21 oder 256 in 2 und 56.

2. Die Lösungen sind immer zweistellig. Also von 10 bis 99. Ausnahme $100^2 = 10000$.

3. Den Zehner der Lösung ermittelt man durch Finden der größten Quadratzahl, die kleiner oder gleich des ersten Teils ist. Z.B.: Teil 1 = 17, dann ist es eben die 4 (16). 25 (5^2) wäre ja schon größer als 17. Also ist 4 der Zehner der Lösung.

4. Den Einer der Lösung ermittelt man durch Prüfen der Einerstelle der Aufgabenzahl. Z.B. bei der Aufgabenzahl 1764 ist das die 4. Nun vergleicht man die 4 mit allen Quadratzahlen von einstelligen Zahlen (1, 4, 9, 16, 25, 36, 49, 64, 81) und welche von diesen auch auf 4 endet. Es sind die Zahlen 4 (2^2) und 64 (8^2). Man hat jetzt zwei Alternativen für die Einerstelle der Lösung: 4 und 8. Also heißt die komplette Lösung der Aufgabe entweder 42 oder 48.

5. Entscheidung: Man bildet das untere Zehnerquadrat 40 x 40 (1600) und das obere Zehnerquadrat 50 x 50 (2500) und vergleicht mit der Aufgabenzahl 1764. Was ist näher an der Aufgabenzahl dran? 1600 ist näher an 1764 dran. Daher 2.

Beispiel: $\sqrt{1764}$

	Teil 1	Teil 2
	17	64

$1^2 = 1$

$2^2 = 4$

$3^2 = 9$

$4^2 = 16$

$5^2 = 25$

$6^2 = 36$

$7^2 = 49$

$8^2 = 64$

$9^2 = 81$

16 ist die größte Quadratzahl, die kleiner als 17 ist.

Zehner der Lösung = 4

$\underline{4\,2}$

$4\,8$

40 ist das untere Zehner-Quadrat.

50 ist das untere Zehner-Quadrat.

Einer der Lösung 2 oder 8

Entscheidung: Was ist näher an der Aufgabenzahl?
40 x 40 oder 50 x 50;
40 x 40; also Einer = 2

Übung:

a) $\sqrt{2601}$ b) $\sqrt{1296}$ c) $\sqrt{3025}$ d) $\sqrt{625}$

e) $\sqrt{3249}$ f) $\sqrt{3721}$ g) $\sqrt{5184}$ h) $\sqrt{4356}$

i) $\sqrt{9604}$ j) $\sqrt{3364}$ k) $\sqrt{8281}$ l) $\sqrt{6724}$

Lösung:

i) 98	j) 58	k) 91	l) 82
e) 57	f) 61	g) 72	h) 66
a) 51	b) 36	c) 55	d) 25

Wurzeln ziehen vedisch

Wozu?

Aufgehende Wurzeln ziehen im Zahlenraum von 100 bis 10000.

Wie?

1. Die Aufgabenzahl wird in drei Teile zerlegt. Teil 1 (Tausender und Hunderter), Teil 2 (Zehner), Teil 3 (Einer). Z.B. 4096 in 40, 9 und 6. Wenn die Aufgabenzahl 3stellig ist, in Teil 1 (Hunderter), Teil 2 (Zehner) und Teil 3 (Einer). Also z.B. 121 in 1, 2 und 1.

2. Die Lösungen sind immer zweistellig. Also von 10 bis 99. Ausnahme 100 = 10000.

3. Den Zehner der Lösung ermittelt man durch Finden der größten Quadratzahl, die kleiner oder gleich des ersten Teils ist. Z.B. Teil 1 = 40, dann ist es die 36 (6^2). 49 (7^2) wäre ja schon größer als 40. Also ist 6^2 der Zehner der Lösung (Teilergebnis 1).

4. Vom Teil 1 wird die Quadratzahl abgezogen und der Rest zum Teil 2 als Zehner übertragen.

5. Der Zehner wird verdoppelt und dient als Divisor für den Teil 2.

6. Der Rest wird dem Teil 3 als Zehner übertragen.

7. Wenn der Quotient zum Quadrat genauso groß ist wie der Teil 3 mit angeschriebenem Zehner, dann ist die Aufgabe zu Ende gerechnet.

Achtung! Alle Aufgaben müssen am Ende mit 0 aufgehen.

Beispiel 1: Wurzel aus 4096

36 ist die größte Quadratzahl, die kleiner als 40 ist.

6 x 6 = 36 Rest 4

Zehner der Lösung = 6

Der verdoppelte Zehner ist der Divisor für den Teil 2.

16 vom Teil 3 abziehen. Wenn 0 das Ergebnis ist, dann ist die Aufgabe zu Ende gerechnet.

12 ist dann der Divisor für den 2. Teil. 49 : 12 = 4 Rest 1

Teil 1	Teil 2	Teil 3
√40	₄9	₁6
6	4	16
ver-doppeln	zum Quadrat	0
12	16	

Beispiel 2: Wurzel aus 1521

9 ist die größte Quadratzahl, die kleiner als 15 ist.

3 x 3 = 9 Rest 6

Zehner der Lösung = 3

6 ist dann der Divisor für den 2. Teil. 62 : 6 = 10 Rest 2

geht nicht: 21 – 100, daher nicht die 10 benutzen, sondern die nächste Zahl darunter: 9

Teil 1	Teil 2	Teil 3
√15	₆2	₂1
3	10	100
ver-doppeln	zum Quadrat	?
6	100	

Teil 1	Teil 2	Teil 3
√15	₆2	₈1
3	9	81
ver-doppeln	zum Quadrat	0
6	81	

Beispiel 3: Wurzel aus 1444

9 ist die größte Quadratzahl, die kleiner als 15 ist.

3 x 3 = 9 Rest 5

Zehner der Lösung = 3

6 ist dann der Divisor für den 2. Teil. 54 : 6 = 9 Rest 0

	Teil 1	Teil 2	Teil 3
$\sqrt{}$	14	₅4	₀4
	3	9	81
	ver-doppeln	zum Quadrat	?
	6	81	

geht nicht: 04 – 81; daher nicht die 9 benutzen, sondern die nächste Zahl darunter: 8

	Teil 1	Teil 2	Teil 3
$\sqrt{}$	14	₅4	₆4
	3	8	64
	ver-doppeln	zum Quadrat	0
	6	64	

Übung:

1a) $\sqrt{2601}$ 1b) $\sqrt{3721}$ 1c) $\sqrt{3025}$ 1d) $\sqrt{625}$

2a) $\sqrt{2704}$ 2b) $\sqrt{5184}$ 2c) $\sqrt{6724}$ 2d) $\sqrt{2809}$

3a) $\sqrt{4356}$ 3b) $\sqrt{6084}$ 3c) $\sqrt{1296}$ 3d) $\sqrt{7744}$

Lösung:

3a) 66	3b) 78	3c) 36	3d) 88
2a) 52	2b) 72	2c) 82	2d) 53
1a) 51	1b) 61	1c) 55	1d) 25

Was? Prozent

2,5-Prozent-Trick

Wozu?

Mit dieser Methode kann man im Kopf 2,5 % einer jeden Zahl ausrechnen.

Wie?

1. Man teilt die Zahl durch 4, indem man sie zweimal halbiert.
2. Jetzt nur noch das Komma um eine Stelle nach links verschieben. Fertig!

Beispiel: 2,5 % von 84

84

42   *einmal halbiert*

21   *zweimal halbiert*

2,1

Das Komma um eine Stelle nach links verschieben

Beispiel: 2,5 % von 150

150

75   *einmal halbiert*

37,5 *zweimal halbiert*

3,75

Das Komma um eine Stelle nach links verschieben

Übung 2,5 % von:

1a) 44   1b) 104   1c) 1266   1d) 410   1e) 1880

2a) 36   2b) 228   2c) 2450   2d) 730   2e) 8882

Lösung: 2a) 0,9   2b) 5,7   2c) 61,25   2d) 18,25   2e) 222,05

1a) 1,1   1b) 2,6   1c) 31,65   1d) 10,25   1e) 47

Was? Prozent

5-Prozent-Trick

Wozu?

Mit dieser Methode kann man im Kopf 5 % einer jeden Zahl ausrechnen.

Wie?

1. Man teilt die Zahl durch 2, indem man sie halbiert.
2. Jetzt nur noch das Komma um eine Stelle nach links verschieben. Fertig!

Beispiel: 5 % von 156

156
78   einmal halbiert

7,8   Das Komma um eine Stelle nach links verschieben

Beispiel: 5 % von 6410

6410
3205   einmal halbiert

320,5   Das Komma um eine Stelle nach links verschieben

Übung 5 % von:

1a) 12	1b) 114	1c) 2276	1d) 170	1e) 1862
2a) 46	2b) 218	2c) 7020	2d) 118	2e) 6822

Lösung:
2e) 341,1
1e) 93,1
2d) 5,9
1d) 8,5
2c) 351
1c) 113,8
2b) 10,9
1b) 5,7
2a) 2,3
1a) 0,6

Was? Prozent

15-Prozent-Trick

Wozu?

Mit dieser Methode kann man im Kopf 15 % einer beliebigen Zahl ausrechnen.

Wie?

1. Man nimmt die Zahl mal 3.
2. Halbiert die Zahl.
3. Jetzt nur noch das Komma um eine Stelle nach links verschieben. Fertig!

Beispiel: 15 % von 42

$$\underline{42}$$
$$126 \quad \text{mal 3}$$
$$63 \quad \text{halbiert}$$

$$\underline{6,3}$$

Das Komma um eine Stelle nach links verschieben

Beispiel: 15 % von 150

$$\underline{150}$$
$$450 \quad \text{mal 3}$$
$$225 \quad \text{halbiert}$$

$$\underline{22,5}$$

Das Komma um eine Stelle nach links verschieben

Übung 15 % von:

1a) 41	1b) 103	1c) 1200	1d) 410	1e) 1510
2a) 36	2b) 234	2c) 5375	2d) 111	2e) 1992

Lösung:

1a) 6,15 1b) 15,45 1c) 180 1d) 61,5 1e) 226,5
2a) 5,4 2b) 35,1 2c) 806,25 2d) 16,65 2e) 298,8

Was? Prozent

45-Prozent-Trick

Wozu?

Mit dieser Methode kann man im Kopf 45 % einer beliebigen 2-stelligen Zahl ausrechnen.

Wie?

1. Man multipliziert die Zahl mit Faktor 9. (Das geht einfach, indem man die Zahl mal 10 nimmt und dann die ursprüngliche Zahl vom Ergebnis abzieht.)
2. Jetzt halbiert man die Zahl.
3. Am Schluss nur noch das Komma um eine Stelle nach links verschieben. Fertig!

Beispiel: 45 % von 67

67	***30,15***
670 mal 10	*Das Komma um eine Stelle nach links verschieben*
603 Minus die Zahl	
301,5 halbiert	

Übung 45 % von:

1a) 12	1b) 45	1c) 61	1d) 78	1e) 34
2a) 67	2b) 89	2c) 55	2d) 76	2e) 81

Lösung: 2e) 36,45   2d) 34,2   2c) 24,75   2b) 40,05   2a) 30,15

1e) 15,3   1d) 35,1   1c) 27,45   1b) 20,25   1a) 5,4

Was? Denkspiel

Magisches Quadrat

Wozu?

In einem Magischen Quadrat (3 x 3) werden die Zahlen (1 bis 9) so angeordnet, dass sich bei einer horizontalen, vertikalen und diagonalen Addition die gleiche Summe ergibt. Jede Zahl muss einmal vorkommen. Keine Zahl darf sich wiederholen.

Wie?

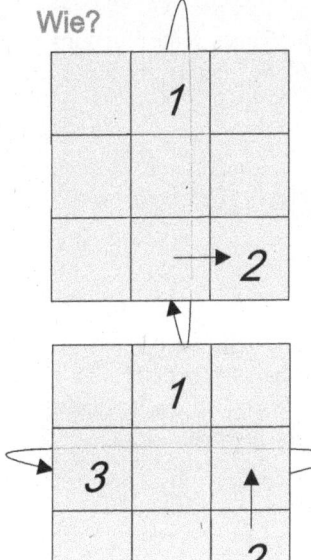

1. Die 1 kommt oben in die Mitte.
2. Die nächste Zahl (also die 2) kommt „eins rauf, eins rechts". Ist das Quadrat oben zu Ende, macht man einfach unten weiter.

3. Die nächste Zahl (also die 3) kommt wieder „eins rauf, eins rechts". Ist das Quadrat rechts zu Ende, macht man einfach links weiter.

4. Wenn bei der nächsten Zahl (also 4) „eins rauf, eins rechts" nicht geht, weil der Platz schon belegt ist, dann schreibt man die Zahl immer direkt unter die letzte.

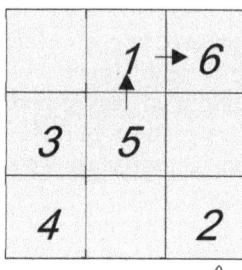

5. Jetzt wieder mit der 5 „eins rauf, eins rechts".

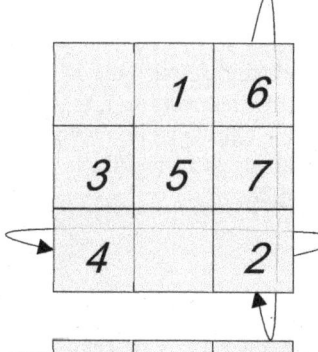

6. Mit der 6 auch „eins rauf, eins rechts".

7. Mit der 7 „eins rauf, eins rechts" ist wieder belegt (da steht die 4), also wieder direkt drunterschreiben.

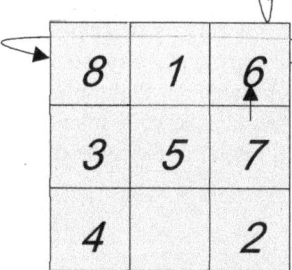

8. Mit der 8 „eins rauf, eins rechts".

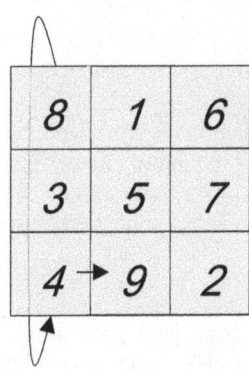

9. Auch mit der letzten Zahl „eins rauf, eins rechts". Fertig. Zum Schluss noch überprüfen, ob alles passt:

horizontal:
8 + 1 + 6 = 15
3 + 5 + 7 = 15
4 + 9 + 2 = 15

vertikal:
8 + 3 + 4 = 15
1 + 5 + 9 = 15
6 + 7 + 2 = 15

diagonal:
8 + 5 + 2 = 15
6 + 5 + 4 = 15

Übung Magisches Quadrat 5 x 5:

Lösung:

11/18/25/2/9
10/12/19/21/3
4/6/13/20/22
23/5/7/14/16
17/24/1/8/15

Was? Merksysteme

Loci-Methode

Eine der ältesten Merktechniken, die auch heute noch von Gedächtnissportlern genutzt wird. Sie ist 2500 Jahre alt und geht auf den griechischen Dichter Simonides von Keos zurück. Sie ist sehr leicht zu erlernen und sehr praktikabel beim Lernen im Alltag.

Wozu?

Die Loci-Methode ist universell einsetzbar, und zwar immer dann, wenn bestimmte Reihenfolgen wichtig sind, wie z. B. Zahlenreihen, Handlungsanleitung, Prioritätslisten etc.

Wie?

1. In einem (fiktiven oder realen) Raum werden sogenannte Routenpunkte festgelegt. Routenpunkte sind fixe Punkte (wie z. B. Heizung, Tisch, Feuerlöscher, Fenster, Schrank etc.) Dabei sollte eine horizontale Richtung eingehalten werden, sodass man bestimmen kann, wie die Routenpunkte jeweils rechts bzw. links davon heißen. Am Anfang genügen 10 bis 15 Routenpunkte.
2. Nachdem Sie die Routenpunkte bestimmt haben, laufen Sie Ihre Route mental mit geschlossenen Augen ab (vorwärts und rückwärts).
3. Auf diesen Routenpunkten können Sie nun verbilderte Fakten, Zahlen (in Verbindung mit dem 2er-Mastersystem oder PVO-System) oder Gegenstände ablegen. D. h., Sie verknüpfen den Routenpunkt mit dem Gegenstand, den Sie sich merken wollen.
4. Nun müssen Sie lediglich Ihre Route abgehen. Die Routenpunkte dienen dann als Abrufreiz für die abgelegten Informationen.

Tipps zur Erstellung einer Route:

1. Nicht bewegliche Routenpunkte benutzen.

2. Eindeutige Reihenfolge festlegen (nebeneinander und nicht übereinander).
3. Routenpunkte sollten nicht zu weit auseinanderliegen oder zusammen sein.
4. Am besten eignet sich eine Perspektive aus Augenhöhe.

Übungsbeispiel 1 („Koffer packen"):

Gegenstände in Reihenfolge merken

Viele kennen dieses Spiel: Ein Mitspieler nennt einen Gegenstand, den er in einen (fiktiven) Koffer packt. Der nächste Mitspieler wiederholt den Gegenstand und nimmt zusätzlich einen neuen Gegenstand mit. Wiederum der nächste Mitspieler benennt den ersten, den zweiten und einen neuen dritten Gegenstand. Reihum muss sich somit jeder immer einen Gegenstand mehr merken.

Um sich die folgende Liste an Gegenständen zu merken, können Sie die vorgeschlagene fiktive Route mit zehn Routenpunkten benutzen. Besser noch: Sie nutzen Ihre eigene Route, die Sie gerade erstellt haben, und verknüpfen Ihre Routenpunkte mit den Gegenständen ähnlich wie im Beispiel:

Route mit 10

Routenpunkt		Gegenstände	Verknüpfung
1	Tür	1 Ball	Ball gegen die Tür spielen
2	Schrank	2 Besen	Der Besen im Schrank
3	Fenster 1	3 Kuchen	Am Fenster klebt Kuchen
4	Tisch	4 Schachspiel	Schachspiel auf dem Tisch
5	Pflanze	5 Mikroskop	Pflanze unterm Mikroskop
6	Fenster 2	6 Foto	Foto klebt am Fenster
7	Bild	7 Messer	Messer durchs Bild
8	TV-Gerät	8 Badehose	Badehose auf TV-Gerät
9	Heizung	9 Skier	Skier liegen auf der Heizung
10	Klavier	10 Apfel	Apfel auf der Klaviertastatur

Gehen Sie jetzt im Gedanken Ihre Route der Reihe nach durch, und schreiben Sie auf, mit welchen Gegenständen die Routenpunkte verknüpft waren.

Tipps zur Verknüpfung:

1. Dynamische Bilder sind besser als Stillleben.
2. Die Bilder sollten merk-würdig (skurril, außergewöhnlich, seltsam) sein.
3. Die Gegenstände dürfen größer oder kleiner gemacht werden.
4. Übertriebene Gesten sind auch erlaubt.

Übungsbeispiel 2: Zahlenreihe

Für dieses Beispiel können Sie die gleiche Route benutzen, die Sie auch für Beispiel 1 benutzt haben. Mit ein bisschen Übung wissen Sie nämlich, dass z.B. die Nonne kein Gegenstand ist, sondern ein Bild für eine Zahl. Weil Sie unterschiedliche Kategorien ablegen (Kategorie Gegenstand im Beispiel 1 und Kategorie Zahl im Beispiel 2), können Sie das gar nicht durcheinanderbringen. Gehen Sie in diesem Beispiel genauso vor wie im Beispiel 1.

Routenpunkt	Verbilderte Zahl		Verknüpfung
1 Tür	Nonne	(22)	Die Nonne bewacht die Tür
2 Schrank	Narr	(24)	Narr sitzt auf dem Schrank
3 Fenster 1	Kacke	(77)	Fenster mit Kacke
4 Tisch	Tanne	(12)	Tanne auf dem Tisch
5 Pflanze	Fass	(80)	Die Pflanze wächst im Fass
6 Fenster 2	Rose	(49)	Fensterbrett mit Rose
7 Bild	Schaf	(68)	Bild mit einem Schaf
8 TV-Gerät	Rabe	(49)	Rabe klopft auf TV-Gerät
9 Heizung	Waffe	(88)	Waffe hinter der Heizung
10 Klavier	Löwe	(58)	Apfel auf der Klaviertastatur

Gehen Sie jetzt im Gedanken Ihre Route der Reihe nach durch, und schreiben Sie auf, mit welchen Gegenständen (= verbilderten Zahlen) die Routenpunkte verknüpft waren.

Wenn Ihnen die verbilderten Zahlen eingefallen sind, dann haben Sie sich eigentlich eine 20-stellige Zahl gemerkt. Die Rückübersetzung vom Bild in eine Zahl erfordert aber auch ein bisschen Übung (siehe Mastersystem S....).

Übung:

Versuchen Sie, gleich bei Ihrem nächsten Einkauf die Loci-Methode anzuwenden.

Was? Merksysteme

Zahlensysteme

Wozu?

Um sich Zahlen oder Listen (z. B. Einkaufslisten) besser merken zu können.

Wie?

1. Jeder Ziffer wird ein Bild zugewiesen.
2. Bilder kann man sich einfacher merken als Zahlen.
3. Aus den Bildern macht man nun eine Geschichte, oder man legt sie auf sogenannten Routenpunkte einer Route ab (siehe Seite 128).

Vorübung:

Lesen Sie den folgenden Text einmal in normaler Lesegeschwindigkeit durch. Wenn Sie fertig sind, lesen Sie noch nicht weiter. Drehen Sie das Buch um und versuchen Sie die folgende Geschichte zu wiederholen:

„Es sitzt ein 2-Bein auf einem 3-Bein und isst ein 1-Bein. Da kommt ein 4-Bein daher und nimmt dem 2-Bein sein 1-Bein weg. Daraufhin nimmt das 2-Bein sein 3-Bein und schlägt das 4-Bein so lange, bis das 2-Bein sein 1-Bein wieder hat."

Wenn Sie keine Bilder im Kopf hatten, haben Sie sich wahrscheinlich schwergetan, sich die Geschichte zu merken. Lesen Sie den Text nun noch einmal mit dem Unterschied, dass Sie jetzt die Bilder zu den 1/2/3/4-Beinern haben:

4-Bein = Hund
3-Bein = Hocker mit drei Stuhlbeinen
2-Bein = Mensch
1-Bein = Hähnchenschenkel

Füllen Sie nun diesen Lückentext aus, ohne oben nachzuschauen:

„Es sitzt ein _____ auf einem _____ und isst ein _____. Da kommt ein ____ daher und nimmt dem ____ sein ____ weg. Daraufhin nimmt der ____ sein ____ und schlägt das ____ solange, bis das ____ sein ____ wieder hat."

Somit hat man sich eine 11-stellige Zahl merken können:

21342123421.

Welche Bilder Sie stellvertretend für die Ziffern benutzen, ist eigentlich egal. Hier einige sinnvolle Varianten:

Beispiele:

Ziffer	Zahlen-Form-System	Zahlen-Symbol-System	Zahlen-Reim-System
0	Ei	Niete (0 Gewinne)	Mull(binde)
1	Kerze	Podest (Nr. 1)	Bein
2	Schwan	Paar (2 Verliebte)	Klo (für Zwo)
3	Mistgabel	Triangel (3 Ecken)	Brei
4	Segel	Koffer (4 Ecken)	Bier
5	Haken	Hand (5 Finger)	Strümpf(e)
6	Rüssel	Würfel (6 Seiten)	Sex
7	Sense	Zwerg (7 Zwerge)	Sieb
8	Sanduhr	Spinne (8 Beine)	Jacht
9	Laterne	Planet (9 Planeten)	Scheun(e)

Ziffer	Zahlen-Assoziations-System
0	Auto (weil man 0 Ahnung von Autos hat)
1	Zeitung (weil man 1 Zeitung abonniert hat)
2	Würfelzucker (weil man immer 2 Stücke Zucker in den Kaffee tut)
3	Kind (weil man 3 Kinder hat)
4	Baum (weil man 4 Bäume gepflanzt hat)

5	Teller (weil man 5-mal am Tag isst)
6	Fahrrad (weil man 6 Monate mit dem Fahrrad unterwegs war)
7	Gitarre (weil man zum 7. Geburtstag eine Gitarre bekam)
8	Taucheranzug (weil man jedes Jahr im August zum Tauchen fährt)
9	Haus (weil das Haus, in dem man wohnt, die Hausnr. 9 hat)

Übung (Liste von Gegenständen):

Verbinden Sie die Gegenstände miteinander, indem Sie sich ca. 10 Sekunden lang die Situationen so konkret und lebhaft vorstellen wie nur möglich:

Kerze (1) und Buch
(z. B.: Mit der Kerze das Buch anzünden)
Schwan (2) und Apfel
(z. B.: Der Schwan verschluckt einen Apfel)
Mistgabel (3) und Fahrrad
(z. B.: Die Mistgabel als Lenker)
Segel (4) und Pinsel
(z. B.: Mit einem Pinsel das Segel bemalen)
Haken (5) und Fotoapparat
(z. B.: Der Fotoapparat hängt am Haken)
Rüssel (6) und Armbanduhr
(z. B.: Um den Rüssel ist eine Uhr)
Sense (7) und Schuh
(z. B.: Mit einer Sense einen Schuh zerteilen)
Sanduhr (8) und Zahnbürste
(z. B.: Mit der Sanduhr sich die Zähne bürsten)
Laterne (9) und Schere
(z. B.: An der Laterne hängt eine Schere)

Decken Sie jetzt diese Übung ab, und lesen Sie die Liste (oben) Zahlen-Form-System durch. Versuchen Sie sich an die verknüpften Begriffe zu erinnern.

Was? Merksysteme

2er-Mastersystem

Wozu?

Im Master-System ordnet man Ziffern Buchstaben zu. Es eignet sich besonders gut, um sich Ziffernfolgen anhand von Wörtern/Bildern besser zu merken.

Wie?

Die Bilder (Dinge), die sich aus den Zahlen ergeben, legt man auf bestimmte Routenpunkte einer Route (siehe Loci-Methode Seite 128) ab, um die Zahlenfolge nicht durcheinanderzubringen. Z. B.:

1. Route im Badezimmer mit 5 Routenpunkte: Dusche-Badewanne-Waschbecken-Handtuchhalter-Waschbecken.
2. Die Zahl „34 86 40 19 71" verbildern „Eimer-Fisch-Rose-Taube-Kette".
3. Routenpunkt mit der verbilderten Zahl verbinden (Eimer – Dusche; Fisch – Badewanne; Rose – Waschbecken etc.).

Codierung der einzelnen Ziffern

Ziffer	Haupt-konso-nant	Merkhilfen	weitere Konsonanten
0	s	0 ist im Roulette „**Zero**"	z, ß, z, ss
1	t	1 hat einen Strich wie **t**	d, tt, dt
2	n	**n** hat zwei Striche nach unten	nn
3	m	**m** hat drei Striche nach unten	mm
4	r	**r** ist der vierte Buchstabe von 4	rr
5	l	**L** = römische Zahl für 50	ll
6	sch	die ersten drei Konsonanten von „**sechs**"	ch
7	k	sie sehen etwas ähnlich aus	ck, g
8	f	(altdeutsches) **f** ist ähnlich zu 8	v, w, ph
9	p	**p** ist das Spiegelbild zu 9	b, pp, bb

Masterbegriffe (Bilder) von 00 bis 99

00	Zeus / Soße	**25**	Nilpferd / Null	**50**	Lasso / Lassie	**75**	Keule / Klo
01	CD / Ast	**26**	Nische / Nacho	**51**	Latte / Lotto	**76**	Koch / Küche
02	Zahn / Sonne	**27**	Nike / Honig	**52**	Linie / Leine	**77**	Kacke / Geige
03	Osama / Sumo	**28**	Nivea / Neffe	**53**	Leim / Lama	**78**	Kaffee / Kiwi
04	Zorro / Säure	**29**	Nappa / Neubau	**54**	Leier / Heiler	**79**	Kappe / Kippe
05	Saal / Seil	**30**	Moos / Maus	**55**	Lolly / Lilie	**80**	Fass / Vase
06	Seuche / Sushi	**31**	Matte / Motte	**56**	Loch / Leiche	**81**	Fit / Foto
07	Socke / Sack	**32**	Mohn / Mona	**57**	Lack / Lego	**82**	Fahne / Fön
08	Sofa / Seife	**33**	Mama / Mumie	**58**	Lava / Löwe	**83**	WM / Wumme
09	Suppe / Sieb	**34**	Meer / Eimer	**59**	Lupe / LP	**84**	Feuer / Fury
10	Tasse / Dose	**35**	Müll / Mühle	**60**	Schüsse / Schoß	**85**	Falle / Feile
11	Tod / Tüte	**36**	Masche / Muschi	**61**	Schutt / Schotte	**86**	Fisch / Wäsche
12	Tanne / Dino	**37**	Mac / Mücke	**62**	Scheune / Schein	**87**	Waage / Feige
13	Team / Dom	**38**	Mafia / Möve	**63**	Schaum / Chemie	**88**	Waffe / VW
14	Teer / Tor	**39**	Mappe / Mopp	**64**	Schere / Schauer	**89**	Wippe / Wabe
15	Taille / Duell	**40**	Rose / Riese	**65**	Schal / Scholle	**90**	Bus / Bass
16	Tasche / Tisch	**41**	Ratte / Radio	**66**	Schach / Scheich	**91**	Bett / Boot

17	Teig	42	Ruine	67	Scheck	92	Bahn
	Decke		Rinne		Schock		Biene
18	Taufe	43	Rum	68	Schaf	93	Baum
	Tofu		Rom		Schiff		Puma
19	Taube	44	Rohr	69	Scheibe	94	Bier
	Tipi		Reier		Schabe		Bär
20	Nase	45	Rolle	70	Käse	95	Ball
	Nuss		Rallye		Kasse		Pool
21	Naht	46	Rauch	71	Kette	96	Buch
	Niete		Hirsch		Kitt		Busch
22	Nonne	47	Rock	72	Kanne	97	Backe
	Neon		Reck		Kino		Bock
23	Nemo	48	Reif	73	Kamm	98	Bifi
	Name		Harfe		Keim		Pfau
24	Narr	49	Raupe	74	Karre	99	Papa
	Nero		Rabe		Geier		Puppe

Das Mastersystem (auch Major-System genannt) ist eine einfache sowie geniale Gedächtnistechnik für Zahlen, die auf der Zuordnung von Lauten zu Ziffern und Wörtern zu Zahlen basiert. Ähnlich wie beim Lesen von Texten entstehen beim Lesen von Zahlenkombinationen Bilder in unseren Köpfen. Diese Bilder können leichter erinnert werden. Die Rückübersetzung in eine Zahl ist dann nur noch ein Kinderspiel.

Erste Ideen zu diesem System gehen auf den Magdeburger J. Winkelmann (1648) zurück. Als offizieller Erfinder jedoch wird Stannislaus Mink von Wennsheim (ca. 1720) des Öfteren genannt. Bis heute wurde das System mehrmals weiterentwickelt und verfeinert. Die gängigste Form machte der amerikanische Gedächtnistrainer und Magier Harry Lorayne bekannt.
Das Mastersystem wird heute von allen Gedächtnissportlern zum Memorieren von Zahlen verwendet.

Über meine Homepage *www.langewissen.de* kann man ein Programm erwerben (Mastertrainer), mit dem man die Begriffe des Mastersystems schnell und sicher lernen kann.

Was? Merksysteme

PVO-System

Das PVO-System ist eine Weiterentwicklung des 2er-Mastersystems.

Wozu?

Um sich große Mengen an Zahlen merken zu können, ist diese Methode bestens geeignet. Allerdings muss man sich die Liste erst einmal verinnerlichen.

Wie?

1. Jeder 6-stelligen Ziffernkombination wird eine Szene zuge-wiesen: Eine Person tut (Verb) irgendetwas mit einem Ge-genstand (Objekt).
2. Stelle 1 und 2 ist immer die Person; Stelle 3 und 4 ist immer das Verb; Stelle 5 und 6 ist immer das Objekt.
3. Die 6-stellige Zahlenkombination 24 24 24 stellt folgende Szene dar: Der Narr (Person) jongliert (Verb) mit Bällen (Objekt). Die 6-stellige Zahlenkombination 22 61 40 stellt folgende Szene dar: Die Nonne (Person von 22) tanzt auf einem Bein (Verb von 61) um eine Rose (Objekt von 40).
4. Per Kombination sind 1.000.000 (100 x 100 x 100) meist merk-würdige Szenen möglich.
5. Jede Szene wird nun auf Routenpunkten einer Route abge-legt (siehe auch Loci-Methode Seite 128).

	Person	Verb	Objekt
00	Zeus	schleudert mit einer Schleuder den	Blitz
01	Affe	hüpft auf dem	Ast
02	Zahnarzt	bohrt am	Zahn
03	Sumoringer	stampft mit Fuß in den	Kreis
04	Chemiker (Kittel und Brille)	beobachtet im Reagenzglas die	Säure
05	Bergsteiger	klettert hoch am	Seil
06	Japaner	schneidet mit Messer	Sushi
07	Kohlenhändler (schwarz)	schleppt auf seinem Rü-cken einen	Sack

08	Loriot	sitzt mit verschränkten Beinen auf dem	Sofa
09	Kasperl (Puppe)	löffelt aus einem Teller	Suppe
10	Töpfer	formt aus Lehm eine	Tasse
11	Tod (mit Kapuze und Sense)	zeigt mit knochigem Finger auf den	Sarg
12	Christkind	hängt an Lametta an eine	Tanne
13	Bischof	spritzt Weihwasser im	Dom
14	Martin Luther (Mönch)	nagelt Thesen ans	Tor
15	Tierarzt	sticht mit einer Spritze	tollwütigen Hund
16	Postbote	wirft die Briefe in eine	Tasche
17	Barkeeper	schüttelt den Shaker an der	Theke
18	Pfarrer	spritzt mit Wasser auf den	Taufstein
19	Winnetou	tanzt den Kriegstanz ums	Tipi
20	Boxer	boxt mit dem Boxhandschuh auf die	Nase
21	Kind	zieht aus einer Schüssel eine	Niete
22	Nonne	betet mit gefalteten Hände vor einem	Kruzifix
23	Nemo (Kapitän)	salutiert vor dem	Spiegel
24	Narr (mit Narrenkappe)	jongliert mit	Bällen
25	Tierpfleger (Blaumann)	entfernt Mist beim	Nilpferd
26	Oma (mit Gehhilfe)	macht Vorhang auf von der	Nische
27	Leichtathlet (schwarz)	springt über Hürde mit	Nike-Schuh
28	Kosmetikerin (geschminkt)	cremt ein mit Creme aus der	Nivea-Dose
29	Fensterputzer (im Lift)	putzt Fenster mit	Nappaleder
30	Förster (grün)	guckt ins Fernglas und sieht nur	Moos
31	Turner (Mg-Hände)	macht Purzelbaum auf einer	Turnmatte
32	Blumenmädchen (Hippie)	spielt Gitarre und hat im Haar	Mohn
33	Mama	wiegt mit einer Wiege ihr	Baby
34	Beachboy (Surfer)	füllt Sand in den	Eimer
35	Müllmann (orange)	drückt Knopf am	Mülleimer

36	Frau (Nachbarin)	streichelt eine (Katze)	**Muschi**
37	Mann (mit Bauch)	kotzt einen	**Mc**Burger
38	**Mafia**boss (Al Capone)	wirft an eine	Kettensäge
39	Wanderer (Rucksack)	wandert mit Stock und	**Map**
40	Gärtner	schneidet mit der Rosenschere die	**Ro**se
41	Rattenfänger (Kinder)	spielt Flöte und lockt damit die	**Ra**tte
42	Ritter (Rüstung)	schießt mit der Armbrust auf eine	**Ru**ine
43	Pirat (Augenklappe)	ficht mit dem Degen	**Ru**m
44	Installateur	verschraubt mit Rohrzange ein	**Ro**hr
45	Konditor	quetscht Sahnespritztüte auf eine	Biskuit**ro**lle
46	Helmut Schmidt	bläst in die Luft den	**Rau**ch
47	Flamencotänzerin	klappert mit Kastagnetten vor ihrem	**Ro**ck
48	Gymnastiktänzerin	macht Spagat auf einem	**Re**if
49	Insektenfänger (Tropenhut)	fängt mit einem Kescher eine	**Rau**pe
50	Cowboy (mit Hut)	wirft **La**sso übers	Pferd
51	Hochspringer (weiß)	springt mit einem Stab über die	**La**tte
52	Punker (bunte Haare)	zeichnet eine **Li**nie mit einer	Spraydose
53	Schreiner	hobelt mit Hobel	**Le**im
54	Leierkastenmann (Äffchen)	dreht an der Kurbel am	**Le**ierkasten
55	Kojak (Glatze)	lutscht mit der Zunge am	**Lo**lly
56	Katastrophenhelfer (Mundschutz)	zieht die	**Le**iche
57	Maler	streicht mit einem Pinsel den	**La**ck
58	Dompteur (mit Glitzerhose)	peitscht mit Peitsche den	**Lö**wen
59	Sherlock Holmes	stopft seine Pfeife mit der	**Lu**pe
60	Biathlet	liegt auf Gummimatte und feuert ab	**Schü**sse
61	**Schotte** (Schottenrock)	tanzt auf einen Bein um den	Dudelsack
62	Banker (mit Krawatte)	zählt durch die	**Sche**ine

63	Badende (nackt)	pustet weg den	**Schaum**
64	Schneider	näht mit Nadel und	**Schere**
65	Fan	bläst in eine Tröte	**Schal**
66	Scheich	stützt Kopf ab und starrt aufs	**Schach**
67	Bürgermeister (mit Kette)	schüttelt die Hände und überreicht	**Scheck**
68	Hirte (Hirtenstab, Bart)	pfeift mit den Fingern nach	**Schaf**
69	Eskimo (mit Anorak)	läuft durch Schnee mit	**Schippe**
70	Franzose (mit Schnauzer)	schließt die Augen und genießt den	**Käse**
71	Juwelier (vor Glastresen)	begutachtet mit Lupenbrille eine	**Kette**
72	Tankwart (Shell-rot-gelb)	wäscht mit Fensterwischer die	**Ölkanne**
73	Loreley (blondes, langes Haar)	kämmt sich die Haare mit	**Kamm**
74	Maurer	klatscht hin mit Kelle in die	**Schubkarre**
75	Steinzeitmensch (behaart)	schlägt sich auf Brust mit	**Keule**
76	**Koch** (mit Kochmütze)	rührt mit Kochlöffel	**Kochtopf**
77	Klofrau (mit Schürze)	bürstet mit Klobürste die	**Kacke**
78	Barockfrau (Barock-kleid)	rührt mit Finger in der Kaffeetasse	**Kaffee**
79	Baseballspieler (m. Schläger)	wirft ins Publikum seine	**Kappe**
80	Winzer (Korb auf Rücken)	schlürft aus Glas und sitzt auf	**Fass**
81	Bodybuilder	macht sich fit mit Knie-beugen und	**Hantel**
82	Frisörin (toupierte Haare)	wäscht mit Shampoo und	**Fön**
83	Sportler im Trai-ningsanzug	steigt aufs Podest und bekommt	**WM-Medaille**
84	Feuerwehrmann	hält den Schlauch aufs	**Feuer**
85	Trapper (Pelzmütze)	spannt die	**Falle**
86	Angler (Stiefel)	angelt mit Angel einen	**Fisch**
87	Marktfrau (Kopftuch)	packt ein in Spitztüte und wiegt auf	**Waage**
88	Soldat (Tarnanzug)	robbt auf dem Boden mit	**Waffe**

89	Imker (Kopfschutz)	vertreibt die Bienen aus der	Wabe
90	Busfahrer	dreht das große Lenkrad im	Bus
91	Zimmermädchen (Haube)	glättet mit ihren Händen ein	Bett
92	Schaffner (Mütze)	entwertet Fahrkarte in der	Bahn
93	Baumfäller (kariertes Hemd)	hackt mit Beil	Baum
94	Festbedienung (Dirndl)	trägt	Bier
95	Fußballer (Trikot)	köpft den	Ball
96	Bibliothekar (mit Brille)	befeuchtet seine Finger und liest	Buch
97	Eishockeyspieler (im Tor)	hält mit Hockeyschläger den	Puck
98	Wurstverkäuferin	bietet mit Wurstgabel eine	Bifi
99	Puppenspieler	zieht an Fäden und bewegt	Puppe

Übung 1:

Beschreiben Sie folgende Szenen:

1a) 89 13 58   1b) 81 93 99   1c) 84 69 94

1d) 61 29 41   1e) 20 07 80

Lösung:

1e) Der Boxer (P) schleppt auf seinem Rücken (V) ein Fass (O).

1d) Der Schotte (P) putzt Fenster (V) mit einer Ratte (O).

1c) Der Feuerwehrmann (P) läuft durch Schnee (V) mit Bier (O).

1b) Der Bodybuilder (P) hackt mit Beil (V) auf eine Puppe ein (O).

1a) Der Imker (P) spritzt Weihwasser (V) auf den Löwen (O).

Übung 2:

Verrouten Sie alle 5 Szenen auf Routenpunkte einer Route Ihrer Wahl:

(lesen Sie bitte vorher Seite 128)

1a) 89 13 58   1b) 81 93 99   1c) 84 69 94

1d) 61 29 41   1e) 20 07 80

Stellen Sie sich die Szenen so vor, als wäre es die Realität. Schließen Sie dabei die Augen, und stellen Sie sich die Szenen so lebhaft vor wie nur möglich. Schreiben oder sagen Sie die Szenen auf (Achtung!, immer PVO!). Wenn Ihnen das gelingt, können Sie in Zukunft Meisterleistungen vollbringen.

Lösung:

1e) Der Boxer (P) schleppt auf seinem Rücken (V) ein Fass (O)

1d) Der Schotte (P) putzt Fenster (V) mit einer Ratte (O)

1c) Der Feuerwehrmann (P) läuft durch Schnee (V) mit Bier (O)

1b) Der Bodybuilder (P) hackt mit Beil (V) auf eine Puppe ein (O)

1a) Der Imker (P) spritzt Weihwasser (V) auf den Löwen (O)

Gedächtnispalast

Der Gedächtnispalast ist eine Weiterentwicklung der Loci-Methode (siehe Seite 128).

Wozu?

Wie die Loci-Methode ist auch der Gedächtnispalast universell einsetzbar. Gerade dann, wenn Wissensinhalte langfristig abgespeichert sein sollen, ist der Gedächtnispalast ideal.

Wie?

1. Lesen Sie die Seiten (128-131) zum Thema „Loci-Methode".
2. In einem Gedächtnispalst, der anfangs erst aus wenigen, später bis zu mehreren hundert Räumen bestehen kann, werden Wissensinhalte in verbildeter Form abgelegt. Es kann jederzeit „angebaut" und „weggerissen" werden. Dadurch entstehen neue Türen und neue Verbindungsgänge.
3. Wenn die Reihenfolge wichtig ist wie z. B. bei Zahlen, dann bildet man Räume mit Möbeln, um das Wissen abzulegen (Kettenbilder). Wenn die Reihenfolge nicht wichtig ist, dann kann man auch Collagen gestalten (Traubenbilder).

Übungsbeispiel („Russische Grammatik"):

Lernen des Geschlechts von Substantiven (weiblich, männlich, sächlich)

Man befindet sich in einem fiktiven Raum „Russische Artikel". Dieser Raum hat drei Türen, durch die man wiederum in drei Räume gelangt: „Frauenzimmer", „Herrenzimmer" und „Kinderzimmer".

Damit das „Russische Artikel"-Zimmer zugeordnet werden kann, wird das „Frauenzimmer" von einer russischen Frau (z. B. Anna Netrebko) bewacht, das „Herrenzimmer" von einem russischen Mann (z. B. Wladimir Putin) und das Kinderzimmer von einem russischen Kind. Man verwendet in diesem Beispiel

---

eine Collage, weil die Reihenfolge der Substantive nicht entscheidend ist. Man versucht nun, sich die folgenden Bildcollagen so intensiv vorzustellen, wie irgend möglich. Das gelingt am besten mit geschlossenen Augen.

Im Frauenzimmer:
Auf einem **Fluss** (die) fährt ein **Boot** (die), auf dem sich ein **Bett** (die) befindet. Auf diesem **Bett** (die) sitzt eine **Frau** (die), neben ihr ein **Hund** (die). Im Hintergrund sieht man den **Mond** (die), daneben einen großen leuchtenden **Stern** (die). **Wasser** (die) aus dem **Fluss** (die) schwappt ins **Boot** (die).

Im Herrenzimmer:
Mitten im Raum schwebt ein **Flugzeug** (der). Auf diesem **Flugzeug** (der) sitzt ein **Mann** (der). Direkt hinter ihm sitzt ein **Kind** (der). Das Kind hält eine **Blume** (der), die es fallen lässt. Die **Blume** (der) fällt in den **Wald** (der) nach unten. Der **Wald** (der) fängt **Feuer** (der). Im **Wald** (der) steht ein **Haus** (der) mit einem großen **Wecker** (der) auf dem Dach.

Im Kinderzimmer:
Im Zimmer sieht man einen **Spiegel** (das). Davor liegt ein **Apfel** (das), in dem eine **Schere** (das) steckt. **Apfel** (das) und **Schere** (das) beschweren einen **Brief**. Im Spiegel spiegelt sich die **Sonne** (das).

Übung zur „Russischen Grammatik":

Dem Substantiv den richtigen russischen Artikel zuordnen:
a) (____) Frau; b) (____) Flugzeug; c) (____) Blume;
d) (____) Bett; e) (____) Mond; f) (____) Schere;
g) (____) Feuer; h) (____) Boot; i) (____) Fluss;

Lösung:
a) die Frau b) der Flugzeug c) der Blume
d) die Bett e) die Mond f) das Schere
g) der Feuer h) die Boot i) die Fluss

Vorteil:

Wenn man z. B. den „Vogel" (die) in einem Raum für russische Artikel ablegen möchte, dann legt man den Vogel im Frauenzimmer ab. Da man sich überlegen muss, wo man den Vogel positioniert, werden automatisch gelernte Inhalte wiederholt, ohne dass man das als Wiederholung wahrnimmt. Somit werden zuvor gelernte Inhalte verfestigt.

Abstrakte Begriffe:

Bis jetzt hatte man nur konkrete Begriffe in den Räumen abgelegt. Dinge, die man sich vorstellen oder fotografieren kann. Wie geht man aber mit abstrakten Begriffen um?

Abstrakte Begriffe werden in einem Extraraum abgelegt, der nur für diese Art von Begriffen bestimmt ist. Sie werden mit einem Symbol verbildert. Das Symbol für die „Liebe" könnte beispielsweise ein „Herz" sein. Da Sie wissen, dass sich in diesem Raum nur Symbole befinden, wissen Sie auch, dass das „Herz" an sich nicht gemeint sein kann, sondern die symbolische Bedeutung.

Übung zur Verbilderung abstrakter Begriffe:

Ordnen Sie den abstrakten Begriffen ein Tier oder Bild zu:
a) fromm, b) dumm, c) mutig, d) treu, e) schlau, f) ängstlich, g) störrisch, h) eigensinnig, i) rücksichtslos, j) freundlich, k) Glaube, l) Hoffnung, m) Liebe;

Abstrakte Begriffe:

1) Bär ( );		2) Fuchs ( );		3) Kuh ( );	
4) Löwe ( );		5) Wolf ( );		6) Lamm ( );	
7) Hund ( );		8) Hase ( );		9) Esel ( );	
10) Katze ( );		11) Herz ( );		12) Anker ( );	
13) Kreuz ( );					

11) Herz (m); 12) Anker (l) 13) Kreuz (k)
6) Lamm (a); 7) Hund (d); 8) Hase (f); 9) Esel (g); 10) Katze (h);
1) Bär (j); 2) Fuchs (e); 3) Kuh (b); 4) Löwe (c); 5) Wolf (i);

Was? Merksysteme

Klassisches Dezimalsystem nach Leibnitz

Dezimalklassifikation:

Die Dezimalklassifikation geht auf den Universalgelehrten Leibniz (1646–1716) zurück, der damit eine Einteilung des Wissens in Bibliotheken schuf, die heute noch in Grundzügen ihre Anwendung findet. Die 10 Hauptabteilungen sind jeweils in 10 Unterabteilungen gegliedert usw. Wenn man will, kann man mithilfe dieser Gliederung sein persönliches Universalwissen in einem Gedächtnispalast abspeichern. Das Buch, das Sie gerade in der Hand halten, ist in dieser Dezimalklassifikation unter 37 zu finden.

Falls manche Räume gar nicht betreten werden, weil kein Wissen dazu abgespeichert wird, dann bleiben die Türen zu diesen Räumen einfach zu. In der folgenden Tabelle sieht man jeweils rechts auch noch einen Vorschlag zur Verbilderung. Viel Spaß beim Einrichten der Räume des Gedächtnispalasts.

Ein Hörbeispiel (Erdzeitalter) für einen Raum (Nebenraum in 55/Geologie) in einem Gedächtnispalast findet man auf meiner Homepage *www.langewissen.de.*

Dezimalklassifikation	
0 Allgemeines	
00 Allgemeine Grundlagen der Wissenschaft und Kultur	Alk(ohol)/Wiese/ Kulturtasche
01 Bibliografie, Kataloge, Bücherverzeichnisse	Neckermann-Katalog
02 Bibliothekswesen, Bibliothekslehre	Bibliothek
03 Enzyklopädien, Konversationslexika	Lexika-Reihe
04 Sammlungen vermischter Aufsätze	Briefmarkensammlung
05 Allgemeine Zeitschriften, Adressbücher, Kalender	Zeitschrift, Kalender
06 Körperschaften, Tagungen, Festlichkeiten, Museen	Körper im Museum
07 Zeitungen, Journalismus	Zeitung, Journal
08 Polygrafien, Sammelwerke	Polizei/Briefmarken
09 Handschriften, besonders bemerkenswerte Bücher	Schriftrolle

1 Philosophie & Psychologie	Phil Collins
10 Philosophie	Platon mit Bart
11 Metaphysik	Mettwurst
12 Epistemologie, Erkenntnistheorie	Piste
13 Parapsychologie & Okkultismus	Kornkreise
14 Philosophische Schulen	Füllhorn/Schule
15 Psychologie	Sigmund Freud
16 Logik	Loki Schmidt
17 Ethik	Etikett
18 Antike, mittelalterliche und östliche Philosophie	Antiker Tempel
19 Neuzeitliche westliche Philosophie	Western mit Phil Collins
2 Religion	**Relief**
20 Religion	Relief
21 Religionsphilosophie und Religionstheorie	Relief mit Phil Collins
22 Bibel	Biber
23 Dogmatik	Dogge/ Doc Martens
24 Praktische Theologie	Prag
25 Pastoraltheologie	Pastor oder (Zahn-)Paste
26 Christliche Kirche	Christus (in Rio)
27 Allgemeine Kirchengeschichte	Kirche
28 Christliche Kirchen und Sekten	Sekt
29 Nichtchristliche Religionen	Buddha
3 Sozialwissenschaften	**Soße/Wiese**
30 Allgemeine Soziologie	Alkohol/Soße
31 Statistik	Stadt
32 Politik	Kanzlerin
33 Volkswirtschaft	Volle Wirtschaft
34 Recht, Rechtswissenschaft	Rechtsanwalt mit Robe
35 Öffentliche Verwaltung, Kriegskunst	Panzer
36 Soziale Fürsorge, Versicherungswesen	Kindergarten
37 Erziehung, Unterricht, Pädagogik	Schultafel
38 Handel, Verkehr	Hantel
39 Völkerkunde, Volkskunde, Brauchtum	Schuhplattler
4 Philologie, Sprachwissenschaft	**Mund**
40 Allgemeines	Alk(ohol)/Mund
41 Allgemeine Sprachwissenschaft	Alk(ohol)/Mund/Wiese
42 Abendländische Sprachen	Abend/Sprachrohr
43 Germanische Sprachen	Ger (Speer), Sprachrohr
44 Romanische Sprachen	Roman/Sprachrohr
45 Italienisch, Rumänisch & verwandte Sprachen	Rum/Sprachrohr
46 Iberische Sprachen	Bär/Sprachrohr
47 Klassische Sprachen	Klasse/Sprachrohr

48 Klassisches Griechisch, Neugriechisch	Kriechen/Sprachrohr
49 Orientalische, afrikanische, amerikanische, ozeanische Sprachen	Affe/Amme/Ozelot
5 Mathematik, Naturwissenschaften	**$E = mc^2$ an der Tür**
50 Allgemeines	Weltall Poster
51 Mathematik	Matte/Abakus
52 Astronomie, Geodäsie	Astronaut/Teleskop
53 Physik	Füße/Albert Einstein
54 Chemie	Periodensystem
55 Geologie, Meteorologie, Geophysik	Bergkristall
56 Paläontologie	Dinoskelett
57 Biologie	Mikroskop
58 Botanik	Boot/Ginkgo-Blatt
59 Zoologie	Zoo, Pandabär
6 Technik, Medizin, angewandte Wissenschaften	**Decke/ Medikament**
60 Technik	Decke
61 Medizin & Gesundheit	Stethoskop
62 Ingenieurwissenschaften	Ingwer
63 Landwirtschaft	Traktor
64 Hauswirtschaft & Familie	Familie
65 Management & Öffentlichkeitsarbeit	Manna
66 Chemische Verfahrenstechnik	Erlenmeyerkolben
67 Industrielle Fertigung	Fließband
68 Industrielle Fertigung für einzelne Verwendungszwecke	Fließband mit Reißzwecke
69 Hausbau, Bauhandwerk	Rohbau
7 Künste und Unterhaltung	**Küste**
70 Künste	Küste
71 Landschaftsgestaltung, Raumplanung	Landschaft
72 Architektur	Arche
73 Bildhauerkunst, Keramik, Metallkunst	Statue
74 Zeichenkunst, angewandte Kunst	Glasbläser
75 Malerei	Staffelei
76 Grafik	Graffiti
77 Fotografie, Computerkunst	Fotoapparat
78 Musik	Geige
79 Sport, Spiele, Unterhaltung	Kickerspiel

8 Literatur	Buch
80 Literatur, Rhetorik und Literaturwissenschaft	Liter/Uhr/Wiese
81 Amerikanische Literatur in Englisch	Empire State Building
82 Englische und altenglische Literatur	Big Ben
83 Deutsche und verwandte Literaturen	Brandenburger Tor
84 Französische und verwandte Literatur	Eiffelturm
85 Italienische, rumänische und verwandte Literatur	Schiefer Turm von Pisa
86 Spanische und portugiesische Literaturen	Stierkampfarena
87 Lateinische Literatur und italische Literaturen	Kolosseum
88 Klassische griechische und neugriechische Literaturen	Akropolis
89 Andere Literaturen	Bücherregal
9 Geografie, Geschichte	**Zeitmaschine**
90 Allgemeines	Alk(ohol)/George Bush
91 Geografische Reisebeschreibung	Marco Polo (Polospiel)
92 Biografien	Der Graf im Bioladen
93 Geschichtswissenschaft, Alte Geschichte	Julius Cäsar
94 Geschichte Europas	Napoleon
95 Geschichte Asiens	Mao Zedong
96 Geschichte Afrikas	Nelson Mandela
97 Geschichte Nordamerikas	John F. Kennedy
98 Geschichte Südamerikas	Che Guevara
99 Geschichte der ozeanischen Gebiete	Ozean

Idiotendreieck

Wie?

1. Schreibe die Formel in ein Dreieck.

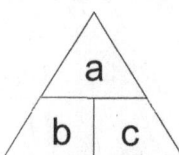

$$a = bc$$

2. Brauchst du die Größe c, dann schau dir die Position der restlichen Größen in deinem Dreieck an. Du erkennst sofort, wie du die Formel hinschreiben musst.

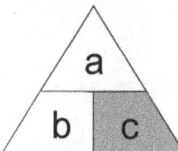

$$c = \frac{a}{b}$$

3. Die Formel für c geht dann so:

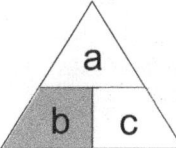

$$b = \frac{a}{c}$$

4. Die Formel für b. Auch ganz simpel!

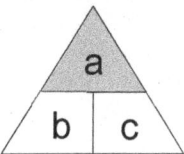

$$a = bc$$

Beispiel: Ohm'sches Gesetz

$U = R \times I$;   U = Spannung; I = Stromstärke;
R = elektrischer Widerstand

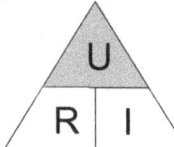 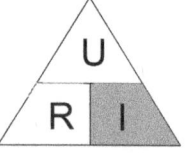 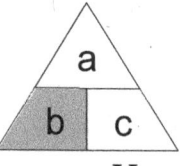

$$U = R * I \qquad I = \frac{U}{R} \qquad R = \frac{U}{I}$$

Übung:

1. Berechnung der Masse: $g = \dfrac{G}{m}$

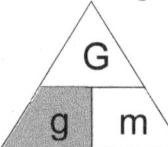 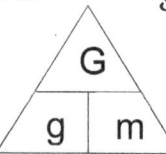 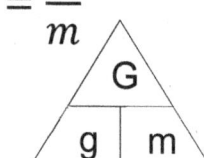

Formel: g = _____;   *G =* _____;   *m =* _____;
g = Ortskraft; G = Gewichtskraft, m = Masse

2. Berechnung der Geschwindigkeit: $v = \dfrac{s}{t}$

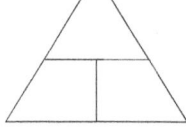 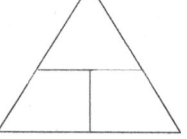 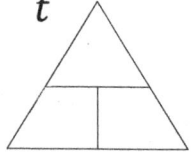

Formel: v = _____,   *s =* _____;   *t =* _____;
v = Geschwindigkeit; s = Weg; t = Zeit (time)

Was? Beispiele

Morsezeichen

Wozu?

Schnelles Erlernen des Morsealphabets (ca. 15 Minuten)

Wie?

1. Ein Bild für den Buchstaben wird verknüpft mit einem Bild für das entsprechende Morsezeichen (sog. O-Wort).
2. Bei einem O-Wort haben nur die Vokale (auch „ei" „au" usw.) eine Bedeutung:
   „O" ist lang, alle anderen Vokale sind kurz.
3. Ein Bild der Verknüpfung ist der Abrufreiz für das jeweils andere Bild.

Beispiel: Buchstabe B

Bild 1: Der Buchstabe „B" sieht aus wie eine Brezel.
Bild 2: Das O-Wort für B ist Bohnensuppe.
       Also: lang-kurz-kurz-kurz (−···)
Verknüpfung: Stellen Sie sich also vor, dass Sie zu einer Bohnensuppe eine Brezel essen. Versuchen Sie jeweils die Verknüpfung der Bilder sich mit geschlossenen Augen ca. 20 Sekunden so konkret wie nur möglich vorzustellen.

	Bild 1	Bildtitel	Bild 2 O-Wort	Verknüpfung
A	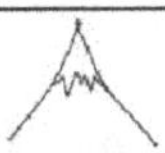	Alpen	Arnold ·−	Arnold in den Alpen
B		Brezel	Bohnensuppe −···	Zur Bohnen-suppe gibt es eine Brezel.
C		Croissant	Cola-Dose −·−·	Zur Dose Cola immer ein Croissant essen

D	)	Dickwanst	Hochzeitskleid —..	Die Dicke passt nicht ins Hochzeits- kleid.
E		Egge	Feld .	Die Egge steht auf dem Feld.
F		Fahne	Badehose ..—.	Die Badehose als Fahne benutzen
G		Gieß- kanne	Roboter ——.	Der Roboter mit Gießkanne
H		Hantel	Hühnerauge	Hantel fällt auf Hühner- auge
I		Impfnadel	Mammut ..	Das Mammut muss auch zur Impfung.
J		Jaguar- schwanz	 .———	Das Zeichen sieht aus wie der Schwanz.
K		Klapp- stuhl	Monitor —.—	Der Monitor steht auf dem Klappstuhl.
L		Laptop	Mikrowelle .—..	Der Laptop in der Mikrowelle
M		Maul	Motor ——	Im Maul hatte das Untier einen Motor.
N		Nikolaus	Hose —.	Der Nikolaus lässt die Hosen runter.

O		Osterei	Motorboot	Das Osterei im Motorboot

P		Pfanne	Bio-Honig	In der Pfanne den Bio-Honig erhitzen
			·--··	
Q		Qualle	Fotolabor	Im Fotolabor eine Qualle züchten
			--·-·	
R		Rutsche	Zitrone	Die Zitrone rollt von der Rutsche runter.
			·-·	
S		Schlange	Elefant	Die Schlange verschlingt einen Elefanten.
			···	
T		Tisch	Frosch	Auf dem Tisch hüpft ein Frosch.
			-	
U		Urne	Unterrock	Die Urne unter dem Unterrock
			··-	
V		Vase	Ventilator	Der Ventilator bläst die Vase um.
			···-	
W		Wäscheständer	Kimono	Am Wäscheständer hängt ein Kimono.
			·--	
X		X-Beine	Moderator	Der Moderator macht X-Beine.
			-··-	
Y		Yoga	Brombeerbonbon	Zum Yoga Brombeerbonbons
			-·--	

Z		Zollstock	Fotoalbum	Beim Fotoalbum Maß nehmen
			——..	

Übung mit Selbstkontrolle:

Beim ersten Durchgang schauen Sie nur die Spalte
„Bild 1" der Tabelle an
und schreiben auf: A = _____ usw.
Beim zweiten Durchgang benutzen Sie dann keinerlei
Hilfe mehr.

Kyrillische Schriftzeichen

Nach Kyrill von Saloniki (826–869) benannt.

Wozu?

Bevor man Russisch lernt, muss man die kyrillischen Buchstaben lesen können.

Wie?

Die kyrillischen Buchstaben erinnern an einen Gegenstand. Wenn man beim Lesen der kyrillischen Buchstaben immer den Gegenstand vor Augen hat, lernt man wesentlich schneller das Lesen. Irgendwann braucht man auch nicht mehr die Gegenstände, und man liest einfach automatisch (siehe auch Morsealphabet Seite 153).

In der folgenden Tabelle sieht man die kyrillischen Buchstaben, einen Verbilderungsvorschlag und die jeweils adäquate lateinische Entsprechung. Jetzt versucht man sich z. B. das Г nicht als kyrillischen Buchstaben vorzustellen, sondern als Galgen und kommt dann leichter auf „G".

	Bild	
А	Tomate K (alle Buchstaben, die die „Tomate K" enthalten sind identisch mit den lateinischen Buchstaben).	a
Б	Wenn man den Buchstaben nach rechts kippt, hat man einen **B**echer mit Henkel	b
В	**W**onderbra	w
Г	**G**algen	g
Д	**D**roschke (= Kutsche) von hinten	d
Е	Tomat**e** K	e

Ж	**Sch**i über Kreuz mit **Sch**istöcken	sch
З	Wenn man den Buchstaben nach links kippt, hat man die Hörner des Steinbocks.	s
И	**I**ndianerzelt mit Speer	i
Й	**I**ndianerzelt mit Speer und Rauch	i/j
К	Tomate **K**	k
Л	Ehrendenkmal in **L**aboe	l
М	To**m**ate K	m
Н	**N**ormalnull NN (Meeresspiegelanzeige)	n
О	Tomate K	o
П	**P**ult ohne Redner	p
Р	Wenn man den Buchstaben nach rechts kippt, hat man einen **R**evolver.	r
С	**S**ichel (Sichelmond, Handsichel)	s
Т	**T**omate K	t
У	**U**rinal mit Abflussrohr	u
Ф	**F**alter mit zwei Flügel ohne Fühler	f
Х	Krippe, in der das **Ch**ristuskind liegt	ch
Ц	**Z**uber mit Einstiegshilfe	z
Ч	**Ch**ipstüte mit Stange	tsch
Ш	**Sch**eunentor	Sch
Щ	**Sch**eunentor mit **Sch**lauch	schtsch

Ы	blond ist der **Y**eti	y
Ю	„**Ju**hu!" Ich habe die Tür mit dem Schlüssel aufbekommen.	ju
Я	**Ja**, wir haben die Rutsche umgedreht.	ja

Übung mit Selbstkontrolle:

Hier ein deutscher Text mit kyrillischen Buchstaben, damit Sie sich selbst kontrollieren können.

Аллер Анфанг ист швер. Нахдем ман абер еин паар Саетсе гелесеи хат гет ес шон фиел бессер. Веии Сие дас Лесен етвас флуессигер бехерршен моехтен данн Лесен Сие ауф ден Техст дер Сеите 167. Фиел Спасс.

Was? Beispiele

LaGeiss-Methode

Eine Weiterentwicklung der Schlüsselwortmethode. Benannt nach den Bestsellerautoren Helmut **Lange** und Oliver **Geissel**hart.

Wozu?

Vokabeln schneller lernen und länger behalten.

Wie?

Jede Vokabel ist gehirngerecht mit dem Bild ihrer Übersetzung verknüpft. Indem man sich diese meist lustigen Szenen vor dem inneren Auge vorstellt, wird die neue Vokabel gemerkt. So kann man sich spielerisch und völlig mühelos 100 und mehr Vokabeln in nur einer Stunde merken und diese auch langfristig behalten.

Die daraus entstehenden Fragen zum Bild können in zwei Richtungen benutzt werden: Deutsch – Fremdsprache und Fremdsprache – Deutsch.

Lies die folgenden Beispiele aufmerksam durch und versuche dir das Bild bzw. die Szene so konkret wie nur möglich vorzustellen, so als wäre es Wirklichkeit. Reale Szenen würde man so schnell nicht vergessen. Schließe am besten dabei deine Augen und verweile bei jedem Bild ca. 10 Sekunden.

Beispiele für 5 Englischvokabeln:

1. Ein *Ruder* mit einem Ohr als Ruderblatt (oar – Ruder).
2. Wenn man mit dem *Zauberstab* die Wand berührt, kann man durch diese hindurchgehen (wand – Zauberstab).
3. Tarzan schenkt Jane eine *Kette* (chain – Kette).
4. Der *Adler* frisst einen Igel (eagel – Adler).
5. Im Park *bellen* die Hunde (bark – bellen).

(Beispiele aus dem Buch: „Schieb das Schaf" von Oliver Geisselhart und Helmut Lange; mvg-Verlag)

Beispiele für 5 Spanischvokabeln:

1. Ein Inder mit Ente (Citroën 2CV) repariert einen **Blinker** (intermitente – Blinker).
2. Am Ende des **Pfad**es steht ein Kamin (camino – Pfad)
3. Kaba wird in Spanien aus **Sekt**gläsern getrunken (cava – Sekt).
4. Alle **lesen** in Büchern ohne Buchstaben. Sie sind völlig leer (leer – lesen).
5. Wenn man das Messer **schüttelt**, wird es wieder richtig scharf (mecer – schütteln).

(Beispiele aus dem Buch: „Liebe am O(h)r" von Oliver Geisselhart und Helmut Lange; mvg-Verlag)

Beispiele für 5 Italienischvokabeln:

1. In einen **Kürbis** wird Zucker eingefüllt (zucca – Kürbis).
2. Am **Apfel**baum wachsen Melonen (melo – Apfel).
3. Mit der Fliegenpatsche für den **Frieden** demonstrieren (pace – Frieden).
4. Im Spinat sind **Dorn**e. (spina – Dorn).
5. **Hochzeit** feiern an der Nordsee (Nozze).

(Beispiele aus dem Buch: „Lutsche das Licht" von Oliver Geisselhart und Helmut Lange; mvg-Verlag)

Wenn du die folgenden Fragen liest, gibt dir deine Antwort die jeweilige Übersetzung:

Übung: Abfrage der Englischvokabeln

Englisch – Deutsch

1. Wo ist das Ohr (oar) befestigt?
2. Womit muss ich die Wand (wand) berühren, damit ich durch diese hindurchgehen kann?
3. Was bekommt Jane (chain) von Tarzan geschenkt?
4. Wer frisst den Igel (eagel)?
5. Was machen im Park (bark) die Hunde?

Übung: Abfrage der Spanischvokabeln

Spanisch – Deutsch

1. Wer repariert den *Blinker*?
2. Was steht am Ende des *Pfad*es?
3. Was trinken die Spanier aus *Sekt*gläsern?
4. Wie sind die Bücher beschaffen, in denen alle *lesen*?
5. Was muss man *schütteln*, damit es wieder scharf wird?

Übung: Abfrage der Italienischvokabeln

Italienisch – Deutsch

1. Wo wurde der Zucker (zucca) eingefüllt?
2. Wo wachsen in Italien die Melonen (Melo)?
3. Wofür demonstriert man mit einer Fliegenpatsche (pace)?
4. Was befindet sich im Spinat (spina)?
5. Was feiert man an der Nordsee (Nozze)?

Fakten und Reihenfolgen

Wozu?

Bundesländer und deren Hauptstädte der Fläche nach ordnen.

Wie?

1. Verbildern Sie die Bundesländer und die dazugehörenden Landeshauptstädte.
2. Nun verknüpfen Sie beide Bilder miteinander. Das eine Bild ist jeweils der Abrufreiz für das andere Bild.
3. Erstellen Sie eine fiktive oder reale Route mit 16 Routenpunkten (siehe auch Loci-Methode Seite 128).
4. Legen Sie auf den Routenpunkten der Größe nach (Fläche in km^2) jeweils das Bild des Bundeslands ab oder das Bild der Landeshauptstadt.
5. Wenn Sie sich die ungefähre Größe in km^2 noch merken möchten, dann verbildern Sie die Zahlen mithilfe des Zahlen- und des Mastersystems (siehe auch Seite 132) Die Hunderter aus dem Zahlensystem, die Tausender aus dem Mastersystem.

Beispiel Routenpunkt 6:

(Schleswig-Holstein; Kiel; 15800 km^2)
*Ein Sekundant misst mit einer **Sanduhr** (8 Hunderter) die Dauer eines **Duells** (15 Tausender) und notiert die Zeit mithilfe eines Feder**kiels** (Landeshauptstadt), welcher in einem **hohl**en **Stein** (Bundesland) steckt.*

Beispiel Routenpunkt 12:

(Brandenburg; Potsdam; 29500 km^2)
*Ich befinde mich in einem **Neubau** (29 Tausender) und muss durch meine **Hand** (5 Hunderter) mitansehen, wie die **Boot**e auf dem **Damm** (Landeshauptstadt) von der **Brandu**ng (Bundesland) weggespült werden.*

1	Bundesland	km²	Stadt	Bild-verknüpfung
1	Bremen	419 ~ 0.400 Ei/Drehstuhl	Bremen	*Beide **Bremsen** werden beim TÜV überprüft.*
2	Hamburg	755 ca. 0.800 Ei/Sanduhr	Ham-burg	*Zwei **Hambur-ger***
3	Berlin	888 ~ 0.900 Ei/Laterne	Berlin	*Zwei **Berliner** oder **Bären***
4	Saarland	2.569 ~ 2.600 Schwan/Würfel	Saar-brücken	*Die **Sargbrücke** führt ins **Sarg-land**.*
5	Thüringen	16.172 ~ 16.200 Ta-sche/Schwan	Erfurt	*Er hält sich an den **Türringen** (Klopfringen) fest, wenn **er** **furzt**.*
6	Schleswig-Holstein	15.799 ~ 15.800 Duell/Sanduhr	Kiel	*Der Feder**kiel** steckt in einem **hohlen Stein**.*
7	Sachsen	18.420 ~ 18.400 Tau-fe/Drehstuhl	Dresden	*Willst du (in) den **Sack seh'n**: **Drehst d' 'n** einfach um.*
8	Rheinland-Pfalz	19.854 ~ 19.900 Taube/Laterne	Mainz	***Falls** ich auf dem **Rhein** **land**en kann, ist alles **meins**.*
9	Sachsen-Anhalt	20.450 ~ 20.500 Nase/Hand	Magde-burg	*Die **Magd** auf der **Burg** packt ihren **Sack** und fährt per **Anhal-ter** fort.*
10	Hessen	21.115 ca. 21.100 Niete/Kerze	Wiesba-den	*Auf der **Wiese** **baden** **Häschen**.*
11	Mecklenburg-Vorpommern	23.191 ~ 23.200 Nemo/Schwan	Schwe-rin	***McPommes** liegen einem **schwer in** dem **Magen**.*

164

12	Brandenburg	29.483 ~ 29.500 Neubau/Hand	Pots-dam	Die **Boote** auf dem **Damm** werden von der **Brandung** weggespült.
13	Nordrhein-Westfalen	34.092 ~ 34.100 Eimer/Kerze	Düs-seldorf	Daniel **Düsen**-trieb lässt seine **Weste reinfal-len**.
14	Baden-Württemberg	35.751 ~ 45.800 Hirsch/Sanduhr	Stutt-gart	Die **Stute** im **Gart**en **bad**et auf einem **Berg**.
15	Niedersachsen	47.613 ~ 47.600 Rolle/Würfel	Han-nover	**Niedrig wach-sen** die Pullover am **Hahnufer**.
16	Bayern	70.550 ~ 70.600 Käse/Würfel	Mün-chen	**Bayern Mün-chen**, Fußball-verein

Kopiervorlage: Arabisches Multiplizieren

2-stellig mal x

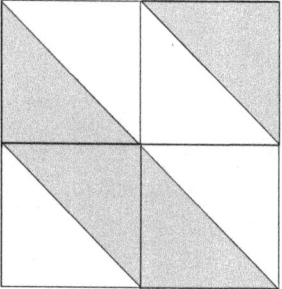

3-stellig mal x

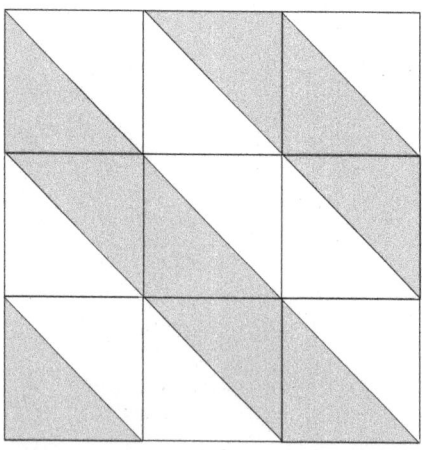

Kopiervorlage: Arabisches Multiplizieren

4-stellig mal x

Quellenangaben

Dambeck, Holger: *Nullen machen Einsen groß*, Spiegel Online, Hamburg 2013, 3. Auflage.

Schonard, Armin/ Kokot, Cordula: *Der Matheknüller*, Göppingen 2013.

Mittring, Gert: *Rechnen mit dem Weltmeister*, Fischer Taschenbuchverlag, Frankfurt am Main 2011, 3. Auflage.

Benjamin, Arthur/ Shermer, Michael: *Mathe Magie*, Heyne, München 2007, 7. Auflage.

240 Seiten
Preis: 12,99 € (D) | 13,40 € (A)
ISBN: 978-3-86882-468-1

Oliver Geisselhart | Helmut Lange

WASCH DIE KUH

Mit Wortbildern hundert und
mehr Französischvokabeln
pro Stunde lernen

Wer Französisch lernen möchte, kommt um das Vokabelpauken normalerweise nicht herum. Doch mit der innovativen LaGeiss-Methode von Helmut Lange und Oliver Geisselhart wird Vokabellernen zum Vergnügen: Jede Französischvokabel ist gehirngerecht als Bild mit ihrer Übersetzung verknüpft. Stellt man sich diese oftmals lustigen Szenen vor, merkt man sich automatisch auch die Vokabel. So lassen sich spielerisch und völlig mühelos 100 bis 200 Vokabeln in nur einer Stunde lernen und langfristig merken.

Um also vache – (die) Kuh zu lernen, stellen Sie sich jemanden vor, der eine Kuh wäscht. Der gewünschte Effekt ist garantiert!

Der Nachfolger der erfolgreichen Vokabeltrainer Schieb das Schaf (Englisch), Liebe am O(h)r (Spanisch) und Lutsche das Licht (Italienisch) zeigt erneut, dass Sprachenlernen und Spaß sich wunderbar ergänzen.

208 Seiten
Preis: 12,99 € (D) | 13,40 € (A)
ISBN 978-3-86882-282-3

Oliver Geisselhart | Helmut Lange
LIEBE AM O(H)R
Mit Wortbildern hundert und
mehr Spanischvokabeln pro
Stunde lernen

Wer eine neue Sprache, wie z. B. Spanisch, lernt, kommt ums
Vokabelnpauken nicht herum. Normalerweise. Anders bei
der innovativen Keyword-Methode von Helmut Lange und
Oliver Geisselhart. Die Methode ist so einfach wie genial:
Jede Spanisch-Vokabel ist gehirngerecht als Bild bzw. kleines
Filmchen mit ihrer Übersetzung verknüpft. Durch einfaches
Lesen und Sich-Vorstellen dieser meist sehr lustigen Szenen
vor dem inneren Auge werden die 1500 Vokabeln erlernt. So
lassen sich spielerisch und völlig mühelos 100 bis 200 Vokabeln in nur einer Stunde erlernen und behalten. Also: Um die
deutsche Bedeutung »Liebe« des spanischen Wortes »amor«
leichter zu lernen, kann man sich zum Beispiel jemanden
vorstellen, der einem anderen am Ohr knabbert und so
»Liebe am Ohr« macht. Der gewünschte Effekt ist garantiert.

208 Seiten
Preis: 12,99 € (D) | 13,40 € (A)
ISBN 978-3-86882-258-8

Oliver Geisselhart | Helmut Lange
SCHIEB DAS SCHAF
Mit Wortbildern hundert und
mehr Englischvokabeln pro
Stunde lernen

1500 Vokabeln einfach, sicher, schnell, dauerhaft und mit Spaß einspeichern – das ist möglich mit der Keyword-Methode von Helmut Lange und Oliver Geisselhart.

Die Methode ist so einfach wie genial: Jede Englischvokabel ist gehirngerecht als Bild bzw. kleines Filmchen mit ihrer Übersetzung verknüpft. Durch einfaches Lesen und Sich-Vorstellen dieser meist sehr lustigen Szenen vor dem geistigen Auge werden die Vokabeln gelernt. So lassen sich spielerisch und völlig mühelos 100 bis 200 Vokabeln in nur einer Stunde lernen.

Wenn Sie **Interesse** an **unseren Büchern** haben,

z. B. als Geschenk für Ihre Kundenbindungsprojekte,

fordern Sie unsere attraktiven Sonderkonditionen an.

Weitere Informationen erhalten Sie von

unserem Vertriebsteam unter +49 89 651285-154

oder schreiben Sie uns per E-Mail an:

vertrieb@mvg-verlag.de

mvgverlag